JEAN SERROY · BERNARD MURE-RAVAUD · BRUNO MOYEN

KÄSE AUS FRANKREICH

JEAN SERROY · BERNARD MURE-RAVAUD · BRUNO MOYEN

KÄSE AUS FRANKREICH

EINE TOUR DE FROMAGE FÜR DEN GOURMET

Mit 120 Rezepten

Aus dem Französischen
von Franziska Weyer und Marianne Glaßer

EDITION STYRIA

Titel der französischen Originalausgabe:
LES FROMAGES DU FROMAGER

in der Verlagsgruppe Styria GmbH & Co KG,
Wien · Graz · Klagenfurt
www.ichlese.de

Übersetzung aus dem Französischen:
Franziska Weyer (6–118) und Marianne Glaßer (120–191; 88 links)
Grafische Gestaltung: Corinne Tourrasse
Umschlaggestaltung: Büro Jorge Schmidt
Lektorat der deutschsprachigen Ausgabe:
Anja Ashauer-Schupp
Satz: Carmen Marchwinski, www.marchwinski.de
Printed in Austria
ISBN 978-3-99011-020-1

Bildnachweis:
Alle Fotos sind von Bruno Moyen, mit Ausnahme der Fotos auf den folgenden Seiten: *Umschlagabbildung:* Jalain Francis/Hoa-Qui/Explorer/Eyedea Illustration/laif; *55:* Chabann/Photoshelter; *58 oben:* S. Laurent; *58 Mitte:* M. Gavach; *98:* D. Hardy; *139:* J.Isenmann/PhotoAlsace; *128:* M. Roussel; *150 oben:* Ch. Filot; *151:* Bouchard; *168:* N. Ray

INHALT

BERNARD MURE-RAVAUD
Käsemeister

Ein markantes Gesicht! Mit seiner Glatze, seinem Schnauzbart und dem einnehmenden Lachen preist Bernard Mure-Ravaud seine Lieblingskäse so an, dass einem schon beim Einkauf das Wasser im Munde zusammen läuft.

Der Mensch …

Wie kommt es zu einer Berufung? Verwendet man diesen Ausdruck für einen Käsemeister, so erscheint das vielleicht ein wenig überzogen, aber im Zusammenhang mit Bernard Mure-Ravaud passt es wunderbar: Die Art, mit der er sein Leben seinem Beruf weiht, die Hingabe und die Gewissenhaftigkeit, mit der er ihn ausübt, und sein gesamter Habitus – sein perfekt gestutzter, typisch gallischer Schnauzbart und seine Zungenfertigkeit, dank der er immer die richtigen Worte findet, um mit seiner Kundschaft über Käse zu fachsimpeln – all dies hat bei ihm beinah Kultstatus …

Der junge Bernard hat den Ruf des Käses bereits erhört, bevor er ihn zu seinem Beruf macht. Da ihn die Schule nicht wirklich überzeugt, verlässt er sie frühzeitig und beginnt 1978 als Fünfzehnjähriger, Obst und Gemüse auf Wochenmärkten zu verkaufen. Und noch während er sich praktische Fähigkeiten im Umgang mit Obst und Gemüse erwirbt, verändert eine unvorhergesehene Begegnung den Fokus seines Interesses. Alles beginnt mit einer einfachen Servierplatte im Haus seiner zukünftigen Schwiegereltern, auf der sieben oder acht Käsesorten zu einem Mosaik unterschiedlicher Farben, Geschmacksrichtungen und Herkunftsgebiete zusammengestellt sind. Als der Jugendliche davon probiert, entdeckt er ein bis dahin unbekanntes Universum. Nie hätte er sich träumen lassen, dass ihm einfacher Käse eine völlig neue Welt eröffnen könnte: Kaum hat er diese betreten, nimmt sie auch schon seine Fantasie gefangen. Von da an ist seine Welt so rund wie der Laib eines Comté.

Er beginnt, Käse zu denken, Käse zu leben, sich über Käse zu informieren, bis ihm mit knapp 20 Jahren das Glück des Tüchtigen eine einmalige Chance bietet. In Grénoble verkauft eine alte Frau ihre kleine Käsehandlung in der Rue du Strasbourg. Sie ist von dem Enthusiasmus des jungen Mannes sehr angetan, der ihr anbietet, das Geschäft weiterzuführen. Das Problem ist nur: Ihm fehlen die nötigen Mittel. Was tun? Doch hier kommt die Persönlichkeit des zukünftigen Käsemeisters ins Spiel: Dank seiner offensichtlichen kommerziellen Fähigkeiten, dank seiner Hingabe zu seinem Beruf, dank seines unermüdlichen Arbeitseifers, dank seines eisernen Willens und vor allem dank seiner Liebe zu dem Produkt, mit der er andere ansteckt, strahlt er eine solche Zuversicht aus, dass er etwa ein Dutzend Leute findet (Eltern und Freunde), die ihm unter die Arme greifen, und kann so letztlich auch die Ladenbesitzerin überzeugen, ihn die noch fehlende Summe monatlich abstottern zu lassen, bis sie ihm eines Tages erklärt, dass er die Zahlungen einstellen solle, da das Geschäft jetzt ihm gehöre.

So nimmt das Abenteuer seinen Lauf. Der mittelmäßige wirtschaftliche Erfolg wird begleitet von einem enormen Zuwachs an Wissen und Erfahrung. Bernard Mure-Ravauds Lerneifer spiegelt sich vor allem in seiner Jagd nach Diplomen wider. Auf diese Weise gelingt es ihm nicht nur, sein Geschäft weiter auszubauen, sondern es in der Käseverfeinerung zu einer wahren Meisterschaft zu bringen. Er nimmt an jedem Wettbewerb teil, den sein Handwerk ihm bietet, und nutzt so die Gelegenheit, sich selbst immer wieder in Frage zu stellen, sich mit den Besten zu messen, seine Fähigkeiten zu perfektionieren und sich noch mehr Wissen in der Welt des Käses anzueignen. Als er 1989 einen Teller mit 479 verschiedenen Käsesorten präsentiert, gewinnt er damit einen Eintrag im »Guinnessbuch der Rekorde«, denn ihm ist weltweit die Präsentation der meisten Sorten geglückt. 1993 tritt er erneut an und stellt einen Rekord mit der größten Zahl unterschiedlicher junger Sorten auf, der ihm einen weiteren Eintrag im Guinnessbuch einbringt. Und er verfolgt diesen Weg weiter: 2005 nimmt er mit einer Käseauswahl an der französischen Käsemeisterschaft teil und wird als Sieger gebeten, zusammen mit seinem Kollegen aus Tours – Rodolphe Le Meunier – Frankreich bei der Weltmeisterschaft, dem Caseus Award, zu vertreten. Die Vorbereitung dauert zwei Jahre, um am Wettkampftag mit einer musikalisch und lyrisch untermalten Käsepräsentation aufzuwarten, die eines Gemäldes von Arcimboldo würdig ist. So werden er und sein Team im Januar 2007 mit dem Weltmeistertitel gekrönt. Bereits zwei Monate später bestätigt er seinen Titel, wird nach zwei Anläufen auch noch zum »besten Handwerker Frankreichs« gekürt und erhält im gleichen Jahr zudem den von der französischen Industrie- und Handelskammer verliehenen Preis »Mercure D'Or«. Diese besondere Auszeichnung erhält er vor allem für seine hervorragende Schulung der Lehrlinge, von denen über hundert bei ihm die Ausbildung durchlaufen haben. Quasi als i-Tüpfelchen seiner Ehrungen wählt ihn 2008 der »Guide Pudlo« (der bedeutendste Restaurantführer Frankreichs) zum »Käsemeister des Jahres«, was ihm wiederum den Vorsitz der Käsegilde Frankreichs einbringt. Diese kürt alljährlich die besten Käsepräsentationen und zeichnet 2009 seinen Eleven Christian Muglia mit dem ersten Preis aus, sodass dieser im Jahr 2011 Frankreich bei der Käse-WM vertreten darf. Der Begriff Käse-»Meister« beinhaltet für Mure-Ravaud in erster Linie den pädagogischen Anspruch, jungen Menschen, die sich in der Käseherstellung spezialisieren wollen, sein Wissen weiterzugeben.

Eine Kuh im Käsegeschäft – als sei sie nie woanders gewesen!

Ein Handwerk …

Fromager zu sein bedeutet, einen Beruf zu haben und es darin zu Meisterschaft, zu wahrer Kunst zu bringen. Als Definition dieses Berufs findet sich: »Molkereifachmann, der mit der Herstellung und dem Vertrieb des Käses beschäftigt ist.« Präziser und vollständiger lässt es sich wohl kaum ausdrücken. Die beiden Verben sind Hinweis auf die Zweigleisigkeit des *fromager*: Er ist nicht nur an der Käseherstellung und -veredelung beteiligt, sondern sorgt auch für den kommerziellen Vertrieb des fertigen Käses. Widmet sich ein Käsemeister lediglich der zweiten Aufgabe, ist er nur Käsefachverkäufer. Ein wahrer *fromager* nimmt schon auf den Herstellungsprozess Einfluss und besitzt profunde Kenntnisse über die Produkte, die er später verkaufen wird.

Daher besteht die erste Schwierigkeit darin, Senner zu finden, die in einer Zeit der Industrialisierung der Käseherstellung noch in der Lage sind, die gesuchten Produkte zu liefern. Tatsächlich ist es längst zu einer Verknappung traditioneller Produzenten gekommen, und bei manchen Produkten ist die Nachfrage höher als die Produktion. Einige Dutzend Käsesorten sind kontingentiert und aufgrund ihrer Rarität natürlich sehr teuer. Doch in diesen Fällen drückt der Preis lediglich die Qualität des Produkts aus. Eine der Hauptaufgaben Bernard Mure-Ravauds besteht daher darin, im ständigen Kontakt mit den Käseproduzenten eine exzellente Käseherstellung sicherzustellen, mit ihnen gemeinsam die besonderen Produkte auszuwählen und diese authentischen Käsesorten dann dem Kunden nahezubringen.

In diesem Sinne wird der *fromager* schließlich auch zum Veredler: Nachdem er den Käse erworben hat, steigert er dessen Wert, indem er ihn im Keller seines Geschäfts reifen lässt oder bei langen Reifezeiten diese nach Absprache mit dem Hersteller vor Ort bis zur Perfektion reifen lässt. Was das betrifft, hat jede Käsesorte ganz spezifische Anforderungen: So weiß der Hersteller des Brie de Meaux, dass Bernard Mure-Ravaud die Käse am liebsten nur dreiviertel gereift erhält und sie dann im eigenen Keller lagert, um sie zum bestmöglichen Zeitpunkt innerhalb einer Woche verkaufen zu können. Daher ist es für ihn unabdingbar, mit seinen Lieferanten für jeden Käse die exakte Reifedauer festzulegen, was jedoch beinah tägliche Lieferungen zur Folge hat. Etwa 50 kleine Produzenten liefern direkt an Mure-Ravaud, der in seiner Käsehandlung 250 Sorten im Angebot hat. Muss ein Käse sehr lange reifen, wie zum Beispiel ein alter Comté oder der Beaufort d'alpage, steht Mure-Ravaud im ständigen Kontakt mit dem Kellermeister, der den Reifeprozess überwacht und exakt protokolliert.

Allein dieses genaue Wissen rund um seine Produkte und das aktive Mitwirken am Entstehungsprozess des Käses ermöglicht dem Käsemeister, die kommerzielle Seite seines Berufes auszuüben. Für Bernard Mure-Ravaud spielt der Kontakt zu den Kunden eine große Rolle, weshalb er täglich oft zehn bis zwölf Stunden in seinem Geschäft steht. Er gibt in den Verkaufsgesprächen auch seine Leidenschaft für den Käse und etwas von seinem Wissen weiter, denn es ist ihm wichtig, dass seine Kunden Neues entdecken, zu schätzen wissen, was er ihnen anbietet, sich selbst zu Käsekennern entwickeln und alles rund um das Produkt Käse würdigen.

Jahrhundertelang galt Käse in einer hauptsächlich von der Landwirtschaft geprägten Gesellschaft als Grundnahrungsmittel. In der heutigen Konsumgesellschaft hat der notwendige Nahrungsmittelerwerb zum Teil reinen Lustkäufen Platz gemacht. Und zumindest in Frankreich wird die Tradition noch bewahrt, mit Käse eine gute Mahlzeit abzuschließen. Brillat-Savarin prägte vor diesem Hintergrund eine Redewendung, die für die Mehrzahl der Franzosen heute noch Gültigkeit hat: »Eine Mahlzeit ohne Käse ist wie eine schöne Frau, der ein Auge fehlt!« Man isst Käse zum Aperitif, als Hauptgang und als Nachtisch. Durch die Art und Weise, wie Bernard Mure-Ravaud eine Käseauswahl zusammenstellt und präsentiert, wird daraus ein Augenschmaus, ein harmonisches Zusammenspiel von Formen und Farben, eine Geografiestunde, ja sogar Poesie.

Der Laden selbst (der sich natürlich auch im Internet findet: www.les-alpages.fr) ist wichtiger Bestandteil dieser Hymne an den Käse. 2009 verließ Bernard Mure-Ravaud das kleine Geschäft, mit dem alles begann, um nur zehn Meter weiter ein viel größeres Ladenlokal zu eröffnen. Doch weder an der Ausstellungsfläche noch am Verkaufsraum wurde etwas verändert, lediglich neue Glasscheiben unter der Auslage sind dazugekommen, die einen Blick auf den Keller und die dort reifenden Käse ermöglichen. Vergrößert hat sich nur die Fläche hinter dem Verkaufsraum. Dort dienen zwei weitere Räume à 40 Quadratmeter für die Warenannahme und das Anrichten von Bestellungen, für das Schneiden der Käse und die Vorbereitung der Käseplatten, und ein dritter Raum der gleichen Größe wird als Kühlraum genutzt.

Liest man in Zolas berühmtem lyrischen und im Sinne von Dante visionären Roman *Der Bauch von Paris* die Stelle, die dem Käse und den Käsegeschäften gewidmet ist, muss man unwillkürlich an das Ladenlokal von Bernard Mure-Ravaud denken. Es ist fürwahr erstaunlich, welch großartige Evolution das Handwerk des Käsemeisters durchlaufen hat. Doch auch bei einem echten Käsehändler bleibt der Käse, was er immer schon war. Die Hygienevorschriften können weder dem Geschmack noch dem zweiten wichtigen Charakteristikum des Käses etwas anhaben:

Dank seines fundierten Wissens rund um die Käseprodukte und dank der guten Beziehungen zu seinen Lieferanten gelingt es Bernard Mure-Ravaud, den besten Käse auszuwählen.

Das Geschäft: Eine Vitrine, die den Käse wirklich in Szene setzt, und durch die Glasscheiben unter der Käsetheke können die Kunden einen Blick auf den Keller werfen, in dem die Käselaibe reifen.

dem Geruch. Als Zola den Blick auf die Personen in der Käsehandlung richtet, beginnt er seine Beschreibung mit folgenden Worten: »Um sie herum stanken die Käse.« Auch heute riecht Käse noch, und das ist ein großes Glück. Jedoch spricht Bernard Mure-Ravaud lieber von einer Harmonie der Gerüche, subtilen Düften, die einem ab elf Uhr in die Nase steigen und den Appetit anregen.

Die Produkte
Von der Milch zur Butter

Am Anfang steht also die Milch. Die nahrhafte, rohe Milch. Die Milch von Ziegen, Schafen und Kühen unterschiedlicher Rassen, die wiederum verschiedene Landschaften beweiden und daher den Bauern ganz unterschiedliche Erträge liefern. Die Milch, die abends und morgens gemolken wird. Die Milch, die aus dem Eimer in große Kannen gegossen, mit Leinen gefiltert und entweder vor Ort verarbeitet oder an Molkereien geliefert wird. Aus dieser Rohmilch haben die Bauern von jeher ihren Käse hergestellt, und die Tatsache, dass er vornehmlich für die eigene Familie oder für den Verzehr vor Ort bestimmt war, garantierte die sofortige Verarbeitung der frischen Milch. Seit sich jedoch die Konsumgewohnheiten, die Produktion und die Erträge der Milchbauern weiterentwickelt haben, das Leben sich hauptsächlich in den Städten abspielt, die Handelsmärkte zunächst national und später global geworden sind, haben die wirtschaftlichen Bedingungen die Ausgangssituation vollständig auf den Kopf gestellt.

Es fängt damit an, dass zur Einhaltung der lebensmittelrechtlichen Vorschriften inzwischen die Pasteurisierung der Milch von der europäischen Union quasi verpflichtend vorgeschrieben wird. Die Milch wird dazu auf eine Temperatur von 75–85 °C erhitzt, um gewisse Bakterien und Mikroorganismen, die Auslöser verschiedener Erkrankungen sein könnten, abzutöten, ohne jedoch den Geschmack zu verändern oder die Vitamine zu zerstören. Dieses Phänomen ist irreversibel: Es ist nicht nur Garant für eine hygienisch einwandfreie Milch, sondern verlängert auch die Haltbarkeit des daraus gewonnenen Käses. Bedeutet das, dass keine Rohmilch mehr verwendet wird? Abgesehen von der Tatsache, dass einige Wissenschaftler der Ansicht sind, dass die Pasteurisation die der Rohmilch eigene bakterielle Schutzfunktion zerstört (die zugleich der beste Garant für die mikrobiologische Qualität des Rohmilchkäses war), verändert sie natürlich auch den Geschmack und sorgt dafür, dass der Käse einen Teil seines authentischen Charakters verliert. Bei milden Käsesorten spielt dies keine große Rolle, doch beim Livarot oder beim Munster fällt es durchaus ins Gewicht. Und natürlich hat das auf eine Vielzahl kleiner Käsereien großen Einfluss, da man dort den Käse noch traditionell herstellt und sich nicht den drakonischen Beschränkungen, die für die industrielle Käseherstellung aufgestellt wurden, unterwerfen kann. Auch hieraus resultiert eine essenzielle Aufgabe für den *fromager*: Er muss wissen, woher sein Produkt kommt, und wie es hergestellt wurde. Eine Aufgabe, der Bernard Mure-Ravaud stets versucht nachzukommen, denn nur so ist eine Garantie für hygienisch einwandfreie, qualitätvolle Produkte zu gewährleisten, die die Eigenschaften, die Tradition, den Geschmack und den Charakter jedes einzelnen Käses berücksichtigen.

Wie auch Bernard Mure-Ravaud verkauft der *fromager* häufig zugleich Milch und andere Milchprodukte, wie Butter und Sahne, denen er die gleiche Sorgfalt widmet wie dem Käse. Die beiden Gütezeichen für Käse (AOC – »Appellation d'Origine Contrôlée«/ kontrollierte Ursprungsbezeichnung und AOP – »Appellation d'Origine Protégée/europäisch geschützte Ursprungsbezeichnung) gelten auch für andere Milchprodukte. Bis zum heutigen Tag gibt es nur zwei Molkereien, die beide Gütezeichen tragen: Milch und Sahne aus Isigny und die Butter aus Charentes-Poitou (darunter die berühmte Butter d'Echiré, die den AOC-Namen Butter aus Deux-Sèvres trägt). Damit werden zwei traditionell hergestellte Produkte ausgezeichnet, deren Geschmack eng mit den Weiden der Gegend verbunden ist, von der sie stammen: Die Butter und die Sahne von Isigny werden aus einer Milch mit mindestens 40 Gramm Fett pro Liter hergestellt und waren bereits im 16. Jahrhundert für ihre cremige Konsistenz und ihren leicht säuerlichen Geschmack bekannt; mit der Butterherstellung in Charentes-Poitou wurde zu Beginn des 20. Jahrhunderts begonnen. Die sehr feine Butter zeichnet sich durch einen leicht nussigen Geschmack aus.

Wenn die Milch mit Maschinen, die nichts mehr gemein haben mit dem traditionellen Butterfass aus Holz, weder zu Sahne noch zu Butter verarbeitet wird, benutzt man sie für die Käseherstellung. Dabei spielt neben der Pasteurisation ein weiteres Element eine wichtige Rolle:

Das Dicklegen der Milch, das bis vor gar nicht allzu langer Zeit mit Lab aus dem Kalbsmagen oder von Färsen, die zum ersten Mal Milch geben, erreicht wurde, erfolgt heute meist mit biotechnologisch gewonnenen Enzymen oder vor allem im industriellen Bereich mit künstlichen Enzymen. Doch egal welches Produkt gewählt wird, sie alle sorgen dafür, dass die Milch gerinnt beziehungsweise Käseflocken bildet und sich von der Molke trennt. Bereits an dieser Stelle erfolgt unter den fachkundigen Händen des Senners die Verwandlung von Milch in Käse: ein chemischer Vorgang, dessen Regeln wir kennen, doch gleichzeitig auch eine gewisse Form von Alchimie, da sich zu dem Ort, dem handwerklichen Geschick und dem Instinkt, die allesamt eine große Rolle spielen, ein Mysterium gesellt, das notwendig ist, damit außergewöhnliche Käsesorten entstehen.

Käse und Käse

Schon am Ende der Jungsteinzeit entdeckte ein Schäfer aus Mesopotamien, dass die Milch, die er in seinem Trinkbeutel mitgenommen hatte, fest geworden war. Durch diesen zufällig entstandenen ersten Frischkäse der Antike, der Geburtsstunde des Käses, lernten die Menschen, mit viel Fingerspitzengefühl und Liebe Käse aus unterschiedlichen Milchsorten in allen möglichen Formen herzustellen. Vor allem im viehreichen Frankreich entwickelte sich eine wahre Kultur des Käses. Und da die Tiere jeweils in ihrer spezifischen Landschaft mit ganz bestimmten Pflanzenarten verwurzelt sind, wird der Käse von der Vielfalt der Regionen und den territorialen Besonderheiten geprägt.

Die Kunst des *fromager* liegt darin, diese Vielfalt zu fördern, indem er seinen Kunden genau das liefert, was sie vom Käse erwarten (auch wenn sie das gar nicht immer so genau wissen), und worauf sie Lust haben.

In diesem Sinne fühlt sich Bernard Mure-Ravaud dazu berufen, seinen Kunden jedes Produkt nahezubringen, das er aus der großen Vielfalt der Käsesorten empfiehlt. Eine Vielfalt, die es einem nicht nur erlaubt zu verstehen, mit welchem Käsetypus man es zu tun hat, sondern auch, was man von ihm erwarten darf.

Die oberste Pflicht eines *fromager* ist es, die eigenen Produkte genau zu kennen.

Sahne ist nicht gleich Sahne

Es ist nicht immer einfach, sich in der Vielzahl verschiedener Sahnesorten zurechtzufinden, doch ein Käse- und Milchhändler kann Sie beraten. Empfiehlt er eine Rohmilchsahne, dann wurde diese keiner Wärmebehandlung unterzogen und hält sich deshalb auch höchstens eine Woche. Verkauft er Ihnen pasteurisierte Sahne, so ist diese in den ersten 24 Stunden ihrer Produktion wärmebehandelt worden und hat eine Haltbarkeit von einem Monat. Daneben gibt es die bis zu vier Monate haltbare Sahne, die sterilisiert wird, um die mikrobielle Flora abzutöten. Die UHT sterilisierte Sahne, die zwei Sekunden lang auf 150 °C erhitzt wird, behält ihren Geschmack und ist bis zu acht Monate lang haltbar. Sämtliche Sahnesorten können einen unterschiedlichen Fettgehalt aufweisen: Schlagsahne enthält 30–35 Prozent Fett, fettreduzierte Sahne weniger als 30 Prozent Fett. Diätetische Produkte gibt es mit nur 15, 10 und 4–5 Prozent Fettgehalt. Hat das Produkt 0 Prozent Fett, kann man es wohl kaum noch als Sahne bezeichnen!

Die **Frischkäse** bilden die erste Kategorie. Die aus gesäuerter Milch – egal, ob von der Ziege, dem Schaf oder der Kuh – hergestellten Frischkäse reifen nicht und müssen daher schnell verzehrt werden. Je nach Wassergehalt sind sie unterschiedlich weich und schmecken angenehm frisch. Auch Quark oder Schichtkäse zählt dazu, ebenso wie ganz kurz gereifte Frischkäse ohne Rinde und regionale Spezialitäten wie der korsische Brocciu (der einzige Frischkäse mit AOC-Label). Sie alle zeichnen sich durch ihre weiße Farbe und die fehlende Rinde aus und sind vielseitig verwendbar.

Weichkäse zählen zur zweiten Kategorie. Da sie nicht gepresst werden, besitzen sie eine cremig-weiche Konsistenz. Aus Kuh- oder Ziegenmilch, beziehungsweise aus Roh- oder aus pasteurisierter Milch hergestellte Weichkäse, unterscheiden sich zunächst einmal durch zwei verschiedene Oberflächenstrukturen. Käse wie Brie de Meaux, Melun, Camembert und Chaource besitzen eine flaumige Oberflächenflora, die während der Reifung entsteht: Eine mehr oder weniger feuchte Schimmelkultur verleiht dem Käse mit zunehmender Reife eine goldene oder mit braunen und rötlichen Flecken pigmentierte Oberfläche. Andere Weichkäse werden von einer Schmiere überzogen, da ihre Oberfläche während der Reifung mit einer Mischung aus Wasser, Rotschmierkulturen und Kochsalz gewaschen wird. Ihre Rinde ist glatt, rötlich-orangefarben, und der Käse erhält dadurch ein sehr kräftiges Aroma, wie beispielsweise der Maroilles, der Livarot und der Munster.

Blauschimmelkäse gehören zu der dritten Kategorie. Auch sie haben einen weichen Teig, allerdings werden bei ihrer Herstellung dem noch unreifen Käse blau-grünliche Edelschimmelpilze wie *Penicillium* beigemischt, sodass sie quasi von innen schimmeln. Zusätzlich werden einige Käsesorten pikiert, das heißt, mit langen Nadeln durchstochen, damit vermehrt Sauerstoff ins Innere des Käses dringen und der Pilz sich dadurch mehr oder weniger fein verzweigen kann. Während die aus Kuhmilch hergestellten Käse wie der Bleu de Causses, der Bleu d'Auvergne, der Fourme d'Ambert oder der Montbrison eine bläuliche Schimmelfärbung aufweisen, haben die aus Schafsmilch hergestellten Käse wie der Roquefort eine grünliche Färbung und einen eher feuchten weichen Teig.

Die vierte große Kategorie bilden die **Hart- und Schnittkäse.** Da ihnen während der Herstellung mehr Molke und Wasser entzogen wird und sie zudem vor der Reifung gepresst werden, sind sie fester. Einige Schnittkäse wie der Cantal, der Laguiole, der Salers, der Saint-Nectaire, der Reblochon, der Gaperon oder der Ossau-Iraty haben einen Teig, der zwar gepresst, aber nicht erhitzt wurde. In ihrem Fall wird der Käsebruch nur ganz leicht erwärmt, damit weniger Molke austritt und der Käse eine Feuchtigkeit behält, die notwendig ist, um ihn mehrere Monate reifen zu lassen.

Für andere häufig noch in Dorfkäsereien hergestellte Käsesorten wird der Käsebruch stark erhitzt, um eine höhere Trockenmasse zu erzielen. Während der sehr langen Reifung werden die großen, runden Käselaibe sorgfältig gewendet, gewaschen und gebürstet. Die zum Beispiel für den Emmentaler Käse typischen Löcher entstehen während der Fermentierung. Andere Hartkäse wie der Comté haben nur sehr kleine oder gar keine Löcher, wie der Beaufort.

Die **Ziegenkäse** bilden die fünfte Kategorie. Die in Frankreich ausschließlich aus Ziegenmilch hergestellten Käse unterscheidet man auch je nach Reifegrad in Frisch-, Weich- und Hartkäse. Ihre Formen, Größen und ihre Konsistenz sind jeweils eng mit ihrer Heimat und den dortigen Traditionen verbunden. Egal ob Picodon, Crottin, Valençay, Pélardon, Rocamadour oder eine andere der zahlreichen Ziegenkäsesorten – es ist für jeden Geschmack etwas dabei.

Die sechste und letzte Kategorie, die **Schmelzkäse,** gibt es erst seit knapp hundert Jahren. Schmelzkäse wurde aus verschiedenen Käsesorten entwickelt (etwa Emmentaler, Gruyère usw.), deren Rinde entfernt wird, bevor der Käse gerieben und mit Butter, Milch oder Sahne, Schmelzsalzen und gelegentlich auch Kräutern und Gewürzen gemischt wird. Manchmal werden auch noch Nüsse, Schinken, Rosinen, Paprikapulver u. Ä. zugesetzt. Schmelzkäse wird meist in Scheiben geschnitten oder als Dreiecke angeboten. Er schmeckt zum Aperitif und auch zwischen den dicken Brötchenhälften eines Big Mac. Womit wir beim industriell hergestellten Käse angelangt wären.

Industriell hergestellte Käsesorten

Auch wenn der Käseliebhaber traditionell hergestellte Käsesorten kleinerer Produzenten bevorzugt, die in Fachgeschäften erhältlich sind, kommt er nicht umhin festzustellen, dass der Großteil des Käses industriell gefertigt wird. Diesem Käse keine Rechnung zu tragen hieße, viele hochwertige Produkte zu ignorieren, bei denen sich traditionelle Handwerkskunst und moderne Fertigungstechnik vereinen.

Auch unter industriell gefertigtem Käse gibt es einige originale Sorten, die von einem einzigen Hersteller produziert werden, wie etwa der Bleu de Bresse, der Boursin, der Saint-Albray oder der Bonbel. Andere Käsesorten haben zwar eine lange Tradition, werden mittlerweile aber überwiegend industriell hergestellt, wie der Coulommiers oder der Carré de l'Est, oder werden inzwischen ausschließlich industriell produziert, wie der Saint-Paulin oder der Port-Salut. Den Absatz dieser Käsesorten zu fördern, widerspricht dem Naturell eines *fromager,* und daher kann man sie im Käseladen von Bernard Mure-Ravaud auch an den Fingern einer Hand abzählen: Roquefort, Saint-Agur, wegen seiner gelungenen Mischung aus mildem Geschmack und Blauschimmel, Bleu de Chèvre wegen seiner originellen Mischung, Rochebaron wegen der cremigen Konsistenz und seines blauen Schimmels und Cheddar wegen seines britischen Humors ...

Dem *fromager* sollten auch die Herstellungsmethoden bis in die Einzelheiten vertraut sein.

DIE ALPEN

Dort oben im Gebirge ...

Die Alpen: ihre schneebedeckten Gipfel, ihre grünen Weiden, ihre dunklen Wälder, ihre Seen und Wildbäche, ihre gewaltigen Höhen und ihre tiefen Täler. Und ihre Käsesorten. In der grandiosen Landschaft des Bergmassivs haben sie ihren Platz ganz oben.

SOLANGE ES NOCH KÜHE GIBT ...

Rechte Seite: Villarde, Hérens oder wie hier Kühe der Rasse Abondance. Die Qualität des Käses ist eng verknüpft mit der Milchqualität der großen Rinderrassen, die die französischen Alpen besiedeln.

Existieren die Alpen überhaupt noch? In einem Zeitalter, da es gigantische Autobahntunnel ermöglichen, in wenigen Minuten unter dem Gebirge hindurchzufahren, das für Hannibal einige Jahrhunderte zuvor noch als beinahe unüberwindbar galt; in einer Zeit, da der Tourismus das Gebirge in Beschlag genommen hat und es wie ein Produkt behandelt, stellt sich einem diese Frage tatsächlich.

Beantwortet wird die Frage vermutlich nicht durch die Wanderwege, auf denen die Touristen Hänge erklimmen, und durch die Wälder, die sie auf der Suche nach einer inzwischen geschützten Fauna und Flora durcheilen, oder auch nicht durch die Abfahrten der Schneefexe jenseits der Pisten oder durch die Klettertouren mit bloßen Händen, wie sie Extremsportler gerne absolvieren, sondern vielmehr durch ein jahrhundertealtes Schauspiel, das bis heute alle Zeiten überdauert hat: eine Herde Tarenteser Kühe, die sich als Sinnbild einer weisen und sanften Würde nicht um den Einzug der Moderne schert, sondern gewissenhaft die hochalpinen Weiden voll zarter Kräuter und Alpenblumen abgrast, über die von den Gipfeln ein Wind weht, der die Musik der Glocken, die sie um den Hals tragen, mit ins Tal nimmt. Während die Tiere ihr Futter mit der Präzision eines Uhrwerks unablässig wiederkäuen, wird das Gras in tierisches Eiweiß verwandelt – ein lebendiger Beweis, dass die Alpen sich treu bleiben.

Aber wer sind diese wackeren, Milch gebenden Soldaten, diese beständigen Wiederkäuer, die des Grasens niemals müde werden? Hier in diesem Bergmassiv der

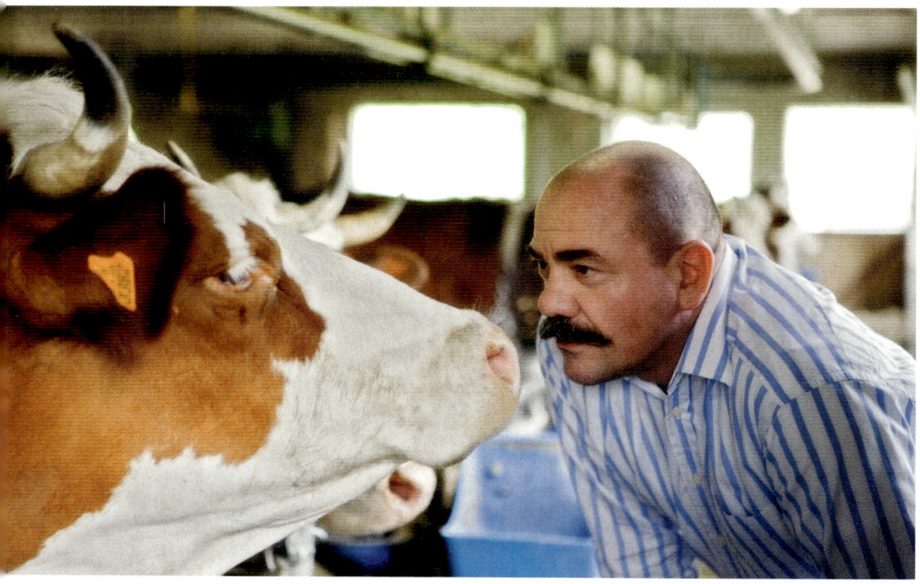

Ein *fromager* sollte sich mit Rinderrassen auskennen, wissen, wo die Kühe weiden, was sie fressen, und welche Milchqualität sie liefern, denn sein fundiertes Wissen basiert auf der Kenntnis dieser Tiere.

nördlichen Alpen, das sich von Savoyen bis zur Dauphiné erstreckt, gibt es vorwiegend zwei Rinderrassen, die genauso rau und rechtschaffen sind wie die dort lebenden Menschen. Zuallererst die kleinen Tarenteser Rinder, hervorragende Gebirgsgänger und ausdauernde Wiederkäuer, die in der Lage sind, mehr als 15 Kilogramm Heu pro Tag zu fressen. Mit ihrem rotbraunen bis gräulich braunen Fell und ihren symmetrisch nach oben gebogenen Hörnern mit schwarzer Pigmentierung an den Spitzen leben die stolzen Tiere in enger Nachbarschaft mit einer anderen wichtigen Milchviehrasse: den Abondance-Rindern. Die Tiere mit dem rotbraunen Fell und dem weißen Kopf haben als besonderes Merkmal dunkle Ringe um die Augen, was den Anschein verleiht, als trügen sie Brillen. Weiter im Süden auf der Hochebene von Vercors ist eine weitere Milchviehrasse beheimatet: Die Villarde-Rinder mit ihrem hellen Fell wären durch den Krieg und durch die anschließende Nivellierung der Rinderrassen beinah aus den Alpen verschwunden, wenn ihnen nicht einige hartnäckige Landwirte das Überleben gesichert hätten. Nachdem sie 1946 bereits nicht mehr im Rassekatalog aufgeführt waren, wurden große Anstrengungen zu ihrer Wiedereinführung unternommen. Und noch eine weitere Milchviehrasse durchstreift die Hochalpen, auch wenn es sich bei den Herens-Rindern nur um eine Importrasse handelt, die wenig Milch produziert. Die schwarzbraunen Tiere sind aus der Schweiz bis in das angrenzende Chamonix-Tal gewandert. Unter ihrem dunklen Fell und den gebogenen, kräftigen Hörnern verbirgt sich ein freundlicher Charakter. Dennoch haben die extrem zähen Tiere ihre ursprüngliche Kämpfernatur bewahrt, weshalb sie am Genfer See gegen ihre helvetischen Schwestern in den traditionellen Kuhkämpfen eingesetzt werden.

Nach wie vor regieren jedoch die beiden Rinderrassen Tarenteser und Abondance die französischen Alpen, geben ihre Milch für den König der Savoyer Käsespezialitäten, den Beaufort, und sorgen dafür, dass die spezifischen Merkmale ihrer Heimat erhalten bleiben.

Beaufort d'alpage: Fürst der Alpen

Kuh • gereifter Hartkäse • Herkunft: Beaufortain, Maurienne, Tarentaise • Durchmesser: 35–75 cm • Dicke: 11–16 cm • Gewicht: 20–70 kg • Herstellung: Bauernhof (fermière) und Molkerei (laitière) • Rohmilch und Vollmilch

Brillat-Savarin nannte ihn »den Fürst der Hartkäse«. Und in der Tat. Wenn es einem Käse gelingt, seine Heimat und die Handwerkskunst der dort lebenden Menschen widerzuspiegeln, dann ist es der Beaufort. Seine Geschichte geht bis ins 1. Jahrhundert zurück, bekam im Mittelalter durch die Herstellung seines Urahns – des Vachelin – neue Impulse, um ab dem 17. Jahrhundert von seinem direkten Vorgänger – dem Grovire (von dem der Wohlfahrtsausschuss während der Französischen Revolution 1500 Laibe zur Ernährung der Pariser Bevölkerung bestellte und dem man seitdem sogar einen patriotischen, nahrhaften Charakter zuspricht) – vorangetrieben zu werden, bevor er 1865 seinen endgültigen Namen – Beaufort – erhielt, der ihn mit der Alpenregion Beaufortain und mit den Nachbargebieten Maurienne und Tarentaise verbindet. Wegen der rauen Lebensbedingungen auf den Hochweiden wurde die Käseproduktion immer weiter talwärts verlagert und findet nun in den Molkereikooperativen in den Tälern statt: Da sich die Milchproduktion zwischen Juni und Ende Oktober abspielt, wird er auch Beaufort d'été (Sommerbeaufort) genannt.

Wer jedoch seinen wahren Geschmack kennenlernen und die überlegene Qualität des Beaufort d'alpage kosten möchte, muss sich an die neue Generation kleiner Produzenten wenden, die, der Tradition verhaftet, den ursprünglichen Weidegebieten treu bleiben. Die Qualitätsbezeichnung AOP garantiert, dass der Beaufort d'alpage nur mit Milch aus Betrieben hergestellt werden darf, die auf

Wenn der Beaufort nach den Worten Brillat-Savarins »der Fürst der Käse« ist, so ist der Beaufort d'alpage zweifellos ihr König. Dank einer konvexen Buchenholzform erhält der Käse seinen leicht nach innen gewölbten Rand.

Die edelsten Beaufort d'alpages dürfen 24 Monate oder länger reifen, was allerdings eine sorgfältige Überwachung des Reifungsprozesses notwendig macht – aber die Mühe zahlt sich aus …

mindestens 1500 Meter Höhe arbeiten. Ab dieser Höhe ändert sich die Vegetation grundlegend, und man findet dort Kräuter und Blumen, die weiter unten nicht wachsen, darunter Enzianarten, deren von kleinen blauen Punkten (die beim Kontakt mit der Luft verschwinden) übersäte Stempel ein einzigartiges Aroma garantieren.

Nur etwa 15 kleine Sennereien haben beschlossen, für den Beaufort weiterhin Hochweiden zu bewirtschaften, und erreichen damit eine jährliche Produktion von etwa 300 Tonnen, mit anderen Worten – das Nonplusultra einer globalen Produktion von etwa 43.000 Tonnen, die jährlich mit diesem Namen verkauft werden. Jeder Milchbauer arbeitet in seiner Almhütte. Er darf nur eine Herde haben und muss diese auf großer Höhe weiden lassen, damit die Milch ihren eigenen, eng mit der dort vorherrschenden Pflanzenwelt verbundenen Geschmack hat. Und natürlich wird der Beaufort traditionell und per Hand hergestellt.

Hundert Sommertage

Zu den Alpenbauern, die den Beaufort während der Sommermonate produzieren – jenen hundert Tagen zwischen Juni und September, an denen die Kuhherde auf der Hochalm lebt –, gehört auch Claude Glise, der im Nationalpark Vanoise die Ritord-Alm bewirtschaftet. Zweimal täglich melkt er seine Kühe, und zweimal täglich arbeitet er an seinem Käse nach einem Ritus, der keinerlei Improvisation zulässt. Dafür gießt er die noch warme Milch in einen großen Kupferkessel, der etwa 800 Liter fasst. Nach dem Zufügen des Labs wird die Milch unter ständigem Rühren auf 33–34 °C erhitzt, um die Gerinnung zu fördern. Nach einer halben Stunde ist die Milch geronnen und kann mit der Käseharfe geschnitten werden, bis ein sehr körniger Käsebruch entsteht. Dieser Käsebruch wird 45 Minuten lang erneut gerührt und erhitzt, bis die Käsemasse eine Idealtemperatur von 53–54 °C erreicht (Vorkäsen) und sich die Molke absetzt. Auch nach dem Erwärmen wird die Masse weitergerührt und erst dann in Formen gegossen.

Jetzt bekommt der Beaufort seinen typisch konkaven äußeren Rand, denn in der Form liegt ein konvexer Reifen aus Buchenholz. Diese Form hatte ursprünglich natürlich ihren Grund: Durch den Holzreifen drückt sich der Teig ein, und so konnte man die Käselaibe gut mit einer Kordel umschnüren und auf dem Maultierrücken ins Tal transportieren. Um den Holzreifen wird eine Schnur gelegt, die es dem Senn ermöglicht, die Form an die Käsemenge anzupassen und stets den gesamten Käsebruch zu verwenden. Die Zipfel eines großen feuchten Leinentuchs wickelt er um einen biegsamen Holzstab, dessen Enden er mit beiden Händen festhält. Mit Hilfe seiner Zähne zieht er das Tuch fest und taucht das Ganze in den Kessel. Der Stab passt sich dem runden Boden des Kessels an und ermöglicht dem Senn, den Käsebruch »im Tuch« und »mit dem Holzstab« herauszuziehen. Mit Hilfe eines Flaschenzugs wird das wie ein Beutel gefüllte Tuch hochgezogen und in die Form gelegt, wo der Bruch per Hand glattgestrichen und mit einem Tuch bedeckt wird, um anschließend in der Presse weiterverarbeitet zu werden. Hat Claude Glise auf diese Weise seinen Käse gepresst, wendet er ihn fünfmal in der Form und wechselt dabei jedes Mal das Leinentuch, bevor er ihn nach gut 20 Stunden in den Keller bringt und noch einen weiteren Tag in seiner Form trocknen lässt. Anschließend wird der Käse 24 Stunden in Salzlake gebadet und danach mindestens sechs Monate lang zweimal pro Woche mit Salzlake abgerieben, gebürstet und gewendet.

Neben der Herstellung des Käses kommt auch der Reifung ein besonderes Augenmerk zu. Sechs Monate mindestens sind erforderlich, besonders ausgesuchte Käselaibe des Beaufort lässt man gerne 12–24 Monate oder noch länger reifen. Die fertigen Laibe wiegen 40–50 Kilogramm, haben einen Durchmesser von 60–70 Zentimeter und sind 13–14 Zentimeter dick. Die natürliche Rinde wechselt ihre Farbe von gelb bis erdfarben und bedeckt einen ursprünglich cremefarbenen Teig, der mit zunehmender Reife strohgelb wird, geschmeidig und fettreich ist, keine Löcher aufweist und einen buttrigen Duft verströmt, unter dem sich ein nussiges Aroma verbirgt, das den Beaufort so besonders macht.

Die Tipps des Käsemeisters

• Wählen Sie einen Beaufort, um damit etwa ein Kartoffelgratin oder Blumenkohl zu überbacken. Die Speisen werden so noch cremiger.
• Der in großen Molkereigenossenschaften hergestellte Winter-Beaufort wird das ganze Jahr über verzehrt: Er ist heller und duftet nicht so stark. Um den wahren Geschmack und das vollere Aroma eines Beaufort zu genießen, sollten Sie einen Beaufort d'alpage wählen, der im Sommer hergestellt wurde. Dieser schmeckt am besten zwischen Dezember und Juni, wobei er auch erst nach einer sechsmonatigen Reifedauer verkauft werden darf. Man erkennt ihn an seiner gelben Farbe, die von den üppigen Alpenweiden herrührt.
• Als Produkt der Savoyer Alpen schmeckt der Käse besonders gut zu Weinen aus der Region, einem fruchtigen Weißwein aus Apremont, einem Roussette oder einem Chignin. Mittlerweile hat man erkannt, dass Weißweine mit dem Geschmack eines Hartkäses sehr viel besser harmonieren, da die Tannine des Rotweins tendenziell den Geschmack des Käses »abtöten«.

Abondance

Kuh • **halbfester Schnittkäse** • **Herkunft:** Abondance, Chablais • **Durchmesser:** 38–43 cm • **Dicke:** 7–8 cm • **Gewicht:** 7–12 kg • **Herstellung:** Bauernhof (fermière) und Molkerei (laitière) • **Rohmilch und Vollmilch**

Auf der gleichen Höhe und in unmittelbarer Nachbarschaft des Beaufort ist ein weiterer Savoyer Käse entstanden: der Abondance. Dieser wird schon seit Jahrhunderten ganz im Norden der Savoyer Alpen im Chablais hergestellt. Im 14. Jahrhundert wurden die Mönche des Klosters Abondance aufgrund der Qualität der von ihnen produzierten Milch zum offiziellen Lieferanten des Papstes Clemens VII. von Avignon ernannt. Für diese Milch züchteten sie eigens eine Milchviehrasse, die sie nach dem Tal Abondance benannten, in dem sie Wälder gerodet hatten, um saftige Weiden zu erschließen. Heute

Abondance – 100 Liter Milch werden benötigt, um am Ende einen zehn Kilogramm schweren Käselaib zu erhalten.

Rechte Seite: Der Name Reblochon leitet sich vom Ausdruck *reblocher* für das zweite Melken ab. Indem sie ihre Kühe morgens nur zum Teil molken, gelang es einst den Bauern, weniger Pacht in Form von Naturalien zahlen zu müssen. Waren die Steuereintreiber vom Hof, wurde nachgemolken.

Ein *fromager* sollte eine genauso feine Nase haben wie ein Parfümeur und daher den Reifegrad eines Reblochon an seinem dezenten Geruch nach Keller erkennen können.

liefern neben den Abondance-Rindern auch die Montbeliard- und die Tarenteser-Kühe Milch für diesen Käse, der nach dem gleichen Verfahren wie der Beaufort hergestellt wird: Roh- oder Vollmilch wird innerhalb der ersten 24 Stunden dickgelegt, in einem Kupferkessel gekämmt und auf maximal 40 °C erhitzt, mit der Käseharfe klein geschnitten, im Tuch herausgehoben, in eine Holzform gelegt, die ihm seine konkave Form gibt, 24 Stunden lang gepresst, bevor er schließlich im Keller mindestens drei Monate reift und dabei regelmäßig gewendet wird. Da der Abondance etwas kleiner als der Beaufort ist, sollte er nicht länger reifen. Am Ende hat der Käse eine bernsteinfarbene Rinde, der elfenbeinfarbene Teig ist von kleinen Löchern durchzogen und verströmt ein fruchtiges, nussartiges Aroma.

Die Tipps des Käsemeisters

• Wenn Sie wissen wollen, ob der Abondance auf der Alm oder in einer Molkerei hergestellt wurde, reicht ein Blick auf die Plakette, die an seiner Unterseite klebt: Ein eckiges Schild weist auf die Molkerei hin, ein ovales Schild auf einen traditionellen Betrieb.

• Es gibt noch einige Betriebe, die den Käse traditionell auf der Alm herstellen. Ihre Käse können bis zu sechs Monate reifen, während ein im Winter in einer Molkerei produzierter Abondance nicht zu lange reifen darf, da er sonst ein zweites Mal fermentiert, was ihn sauer und fleckig werden lässt.

Zum Käse aus Savoyen schmeckt am besten ein Wein dieser Landschaft. Zum Abondance passt hervorragend ein Weißwein, wie der Crépy oder der Roussette, aber auch leichte Rotweine wie ein Mondeuse.

Reblochon de Savoie

Kuh • **halbfester Schnittkäse** • **Herkunft:** Hochsavoyen, Val d'Arly • **Durchmesser:** 14 cm • **Dicke:** 3,5 cm • **Gewicht:** 500 g • **Herstellung:** Bauernhof (fermière) und Molkerei (laitière) • **Rohmilch und Vollmilch**

Ein Stückchen südlicher im Massiv von Aravis findet man einen weiteren herkunftsgeschützten Käse mit nobler Geschichte, der seinen beiden Nachbarn in nichts nachsteht. Der ursprünglich aus Thônes stammende Reblochon wurde bereits im 13. und 14. Jahrhundert hergestellt, zu einer Zeit, da die Bauern als Pacht für ihr Land einen Teil des Milchertrags jeder Kuh abgeben mussten. Am Zahltag molken die Bauern ihre Kühe nicht vollständig, um weniger Milch abgeben zu müssen. Nachdem der Besucher gegangen war, wurde heimlich nachgemolken und aus dieser Milch der Käse gemacht. Von dem alten savoyischen Ausdruck *reblocher* für das zweite Melken erhielt der Käse seinen Namen. Die nachgemolkene Milch ist besonders fettreich und sahnig, was dem Käse seinen Charakter verleiht, und so entstand aus dem heimlichen Milchschmuggel einer der besten französischen Käse. Reblochon entsteht aus der Milch der drei Rinderrassen Abondance, Tarenteser und Montbéliard, die frei auf den Sommerweiden umherziehen und im Winter ausschließlich mit Heu gefüttert werden. Fast überall in Hochsavoyen und im Val d'Arly wird Reblochon hergestellt, allerdings wird der Käsebruch im Gegensatz zu seinen beiden Nachbarn nicht erhitzt. Die Dickete des Käses, der in mit Tüchern ausgeschlagenen Formen liegt, wird morgens und abends geschnitten und von Hand gepresst oder mit einem kleinen Gewicht beschwert, damit die überschüssige Molke abfließen kann. Anschließend wird der Käse zwei Wochen im Keller auf Fichtenholzbrettern gelagert und dabei regelmäßig gebürstet und gewendet, bis er ausgereift ist. Der Käse wird keinerlei Fermentation unterzogen und nach dem Ausreifen einzeln verpackt. Dabei wird er zur Regulierung der Feuchtigkeit auf eine dünne Fichtenholzscheibe gelegt und traditionell in Laiben zu 500 Gramm oder in kleineren Laiben zu je 250 Gramm abgepackt. Der Reblochon hat eine gewaschene, safranfarbene Rinde, die von einem natürlichen feinen weißen Edelschimmel überzogen ist. Er verströmt einen leichten Kellergeruch. Das Innere des Käses ist elfenbeinfarben und cremig und zergeht auf der Zunge.

Die Tipps des Käsemeisters

• Um einen Reblochon in seiner ganzen Fülle zu genießen, sollte man ihn im Sommer oder zu Beginn des Herbstes konsumieren. Für Artisanal-Käsesorten werden die Kühe zweimal pro Tag gemolken und die Milch sofort nach dem Melken ohne Kühlung direkt auf der Alm weiterverarbeitet. Der Reblochon schmeckt auch noch im Herbst.
• Die Herkunft des Reblochon lässt sich anhand seiner Plakette erkennen (rote Plaketten stehen für Käse aus der Molkerei, grüne für die artisanale Herstellung). Das Siegel SIR (Syndicat interprofessionnel du reblochon), gefolgt von der Betriebsnummer des Milchbauern, ermöglicht zudem, den Reblochon bis zu seinem Erzeuger zurückzuverfolgen.
• Zum Reblochon passen am besten Weißweine aus Savoyen, beispielsweise Abymes, Crépy oder Roussette. Doch probieren Sie auch mal einen leichten Rotwein von dort, etwa einen Mondeuse, einen Gamay de Jongieux oder sogar einen Beaujolais.

Ein Reblochon aus Ziegenmilch? Diesen Käse gibt es tatsächlich, und er trägt den Namen Chevrotin.

Chevrotin

Ziege • halbfester Schnittkäse • **Herkunft:** Savoyen, Massiv des Aravis • **Durchmesser:** 8–10 cm • **Dicke:** 3–4 cm • **Gewicht:** 250–350 g • **Herstellung:** Bauernhof (fermière) • Rohmilch

Nicht nur Kühe grasen auf den grünen Hängen Savoyens. Im Bergmassiv von Aravis wird noch eine Art kleiner Reblochon aus Ziegenmilch hergestellt, der seit 2002 auch das AOC-Siegel trägt und Chevrotin genannt wird. Der Käse wird von Almbauern seit dem 17. Jahrhundert beinahe unverändert in gleicher Manier wie der Reblochon produziert. So wird sein Teig ebenfalls nicht erhitzt, sondern lediglich gepresst und reift mindestens 21 Tage im Keller auf Fichtenholz. In dieser Zeit wird er regelmäßig, gebürstet, gewaschen und gewendet und bekommt so eine rosa- bis orangefarbene Rinde, auf der feiner weißer Flaum wächst, und einen geschmeidig cremigen Teig, der ein wenig nach Fichtenholz duftet. Genau wie beim Reblochon verhindert eine Fichtenholzscheibe, dass die Rinde Wasser abgibt, und sorgt dafür, dass der Käse atmet.

Die Tipps des Käsemeisters

• Ziegenkäse sollte grundsätzlich im Sommer und im Herbst verzehrt werden, denn nur dann steht frische Milch zur Verfügung. Von November bis Ostern gibt es kaum Ziegenmilch, denn die Ziegen benötigen sie dann für ihre Jungtiere.
• Damit saisonbedingt kein Mangel an Käse entsteht, ist man dazu übergegangen, die Dickete einzufrieren. Auch wenn dabei der Käse gelegentlich bröckelig wird, ist die Technik des Einfrierens und der Pasteurisation von Ziegenmilch heute so weit vorangeschritten, dass es exzellente Ergebnisse gibt und der Käse das AOP-Siegel (geschützte Ursprungsbezeichnung) erhält.
• Genießen Sie zum Chevrotin einen Mondeuse oder einen Chignin-Bergeron.

Tome des Bauges

Kuh • halbfester Schnittkäse • **Herkunft:** Savoyen, Massiv des Bauges • **Durchmesser:** 17 cm • **Dicke:** 5 cm • **Gewicht:** 1–1,4 kg • **Herstellung:** Bauernhof (fermière) und Molkerei (laitière) • **Rohmilch**

Natürlich dürfen wir Savoyen nicht verlassen, ohne noch einmal zu seinen Kühen zurückzukehren, und damit zu einem der wichtigsten Käse der Region, der zwar unter der Gattungsbezeichnung Tomme de Savoie bekannt ist, dessen Name seine Herkunft aber sehr viel präziser beschreibt: Tome des Bauges. Wie in der Sprache Savoyens des 17. Jahrhunderts, als besagter Käse bereits bekannt, aber nur für den privaten Gebrauch bestimmt war, wird der Tome nur mit einem »m« geschrieben.

Seit dieser Zeit ist die Popularität des Käses, der durch seine dicke, graue Rinde mit rötlichen und gelblichen Schattierungen auffällt, stetig gewachsen. Der gepresste, aber nicht erhitzte Käseteig wird sowohl in Molkereien als auch auf Bergbauernhöfen hergestellt. Im ersten Fall wird die per Hand entrahmte Milch auf 33–34 °C erwärmt, im zweiten Fall auf bis zu 37 °C. Immer wird der Käse jedoch auf die gleiche Art gepresst. Jeweils drei Laibe werden übereinandergestapelt, wobei ihre Platzierung innerhalb des Stapels regelmäßig wechselt. Mit Salzlake eingerieben, kommen sie nach 20 Stunden in den Keller, wo sie bis zu drei Monate reifen. Dort werden sie täglich gewendet und geschmiert, um das berühmte »Katzenfell« zu erzeugen, das sich auf der Oberfläche bildet und durch das die Rinde hart wird. Nach der Reifung hat der Tome einen hellgelben bis gelben geschmeidigen, cremigen Teig und ein stark nussiges Aroma.

Der Tome de Bauges ist gut an seiner dicken grauen Rinde mit den rötlichen und gelblichen Schattierungen zu erkennen und an dem berühmten »Katzenfell«, das sich auf seiner Oberfläche bildet.

Die Tipps des Käsemeisters

• Zum Tome (und zum Tomme) de Savoie empfehlen sich leichte und fruchtige Savoyer Weine, beispielsweise Abymes, Chignin, Crépy, Gamay oder Mondeuse. Doch auch ein roter Gamay de Chautagne oder ein Jongieux passt hervorragend.

• Es ist nicht schwer, den Tome des Bauges (AOP) von anderen Tommes de Savoie (IGP – Indication géographique protégée) zu unterscheiden, denn er ist nicht so hoch. Während ein Tomme bis zu zehn Zentimeter Höhe erreichen, ist der Tome des Bauges höchstens fünf Zentimeter hoch.

• Trotz der gleichen Reifedauer ist der Tome des Bauges cremiger, da er aufgrund seiner geringeren Größe schneller reift.

• Der in Molkereien hergestellte Tome de Bauges wird das ganze Jahr über angeboten, die auf den Bergbauernhöfen hergestellten Käse haben in den Sommer- und Herbstmonaten Saison. Einige Tommes de Savoie vertragen eine längere Reifedauer. Zur Veredelung des Käses kann man beispielsweise die Temperatur im Keller senken und ihn so länger reifen lassen.

Mit seinem weichen, von Blauschimmeladern durchzogenen Teig ähnelt der Bleu du Vercors-Sassenage dem Gorgonzola – seinem italienischen Verwandten auf der anderen Seite der Alpen.

Bleu du Vercors-Sassenage

Kuh • Blauschimmelkäse • **Herkunft:** Bergmassiv von Vercors • **Durchmesser:** 30 cm • **Dicke:** 8–9 cm • **Gewicht:** 5–6 kg • **Herstellung:** Molkerei (laitière) • **pasteurisierte Milch und Rohmilch**

Der Reigen der AOP-Alpenkäse wäre nicht komplett ohne den in einem anderen Bergmassiv seit jeher produzierten Bleu du Vercors-Sassenage. Zwischen Isère und Drôme ragen die Berge von Vercors empor, und so nennt sich auch der Käse oft nur Bleu de Vercors oder Bleu de Sassenage. Auf den von widerstandsfähigen und kräftigen Kräutern durchzogenen Almwiesen grasen Kühe der Rassen Abondance, Montbéliard und Villarde. Das raue Klima machte es im Mittelalter den Mönchen und Bauern unmöglich, die Milch zu transportieren. So verarbeiteten sie sie vor Ort in einer Sennerei zu einem Blauschimmelkäse, der den Beinamen »des monts de Sassenage« erhielt. 1338 autorisierte der Landesfürst die Produktion und den Verkauf des Käses, der bei Franz I. und bei Heinrich IV. sehr beliebt war und später am Hof von Versailles Gefallen fand. Bald darauf geriet er jedoch etwas in Vergessenheit und wurde erst in den 1930er-Jahren von einem Savoyer Almbauern wiederentdeckt und erneut traditionell hergestellt – mit einer Mischung von Milch, die am Vortag gemolken, erhitzt und wieder abgekühlt wurde, und frisch gemolkener, warmer Milch, die zu 30–50 Prozent unter die Milch vom Vortag gerührt wird. Mittels Lab wird diese Rohmilch dickgelegt, um dann im Moment des Schneidens Penicillium beigefügt zu bekommen. Das Resultat ist ein weicher, von Blauschimmel durchzogener Teig mit einer weißlichen Rinde, die mit winzigen roten Punkten übersät ist. Während der zweimonatigen Reifezeit wird der Käse mit dünnen Nadeln pikiert, um so vermehrt Sauerstoff ins Innere dringen zu lassen und die Oxydation und damit die Blaufärbung der Schimmelkulturen zu fördern, aber auch den leicht schimmeligen Geruch und das subtil pikante Aroma des Käses, das dem des Gorgonzola ein wenig ähnelt und am besten am Ende des Sommers und im Herbst zur Geltung kommt.

Die Tipps des Käsemeisters

• Um den Geschmack des Bleu du Vercors-Sassenage so richtig zur Geltung zu bringen, sollte man einen vollmundigen, kräftigen Rotwein dazu genießen: einen Beaujolais Village oder einen Côtes-du-Rhône Village. Für ein ganz anderes Geschmackserlebnis sorgt ein süßer Weißwein: Ein Jurançon ist durchaus einen Versuch wert.

Tomme de Savoie

So wie den Tome des Bauges gibt es eine Vielzahl weiterer Tommes de Savoie, die sich aber allesamt mit »mm« schreiben, und von denen jeder ganz besondere Eigenschaften aufweist. So hat der Tomme de Bonneval aus Haute-Maurienne einen leicht säuerlichen Geschmack, ebenso wie sein Boudane genannter Verwandter aus Haute-Tarentaise, der jedoch mit sechs bis sieben Kilogramm besonders dick und schwer ist. In sämtlichen kleinen Gebirgstälern werden die unterschiedlichsten und originellsten Variationen hergestellt. So findet man in den Tälern Morzine, Belleville, Courchevel und Lécheron verschiedene Tommes aus Ziegenmilch, die von einer Edelschimmelrinde umgeben sind und einen von Löchern durchzogenen und leicht gummiartigen Teig haben, oder aus Schafsmilch, die jahrzehntelang aus Savoyen beinahe verschwunden waren und sich dort heute wieder großer Beliebtheit erfreuen, da sie geradezu auf der Zunge zergehen. Tommes, die einen Monat lang in Traubentrester eingelegt werden, sind nur kurz nach der Weinlese bis zum März erhältlich, da sie sonst zu scharf schmecken würden. Sie sind sehr aromatisch und kleben dank ihres kompakten Teiges am Gaumen.

Und es gibt noch unzählige andere Varianten des Tomme de Savoie, von denen zwei Sorten besonders hervorgehoben werden sollen: der **Tomme Crayeuse,** der zunächst zwei Wochen in einem sehr warmen Keller reift und dann weitere 25–30 Tage in einem sehr kühlen Keller gelagert wird, was ihn direkt unter der Rinde sehr cremig werden lässt, während das Innere des Käses kreidig *(crayeuse)* wird. Der **Tomme Cerronnée** wird während des Reifens nicht gebürstet, was dazu führt, dass sich auf seiner Rinde eine Milbenart *(cerron)* entwickeln kann, die den Käse schützt. Während des Reifens müssen die Käse in luftdicht verschlossenen Kellern gelagert werden, da die Milben in der Luft weiterwandern würden. Diese Technik wurde ursprünglich entwickelt, um in Zeiten, in denen es wenig Milch gibt, leichter einen alten Tomme produzieren zu können.

Egal, ob Tomme de Bonneval, de Morzine, de Belleville, de Courchevel, du Lécheron – in den Tälern der Savoyer Alpen gibt es kaum ein Dorf, das nicht seinen eigenen Tomme produziert.

Der Tamié ist ein Klosterkäse. Mit seiner runden Form und seiner rosafarbenen Rinde ähnelt er dem Reblochon, ist aber etwas cremiger.

Tamié und Chambarand

Kuh • Weichkäse • Herkunft: Massiv des Bauges • Durchmesser: 18–20 cm • Dicke: 4–5 cm • Gewicht: 1–1,3 kg • Herstellung: im Kloster • Rohmilch

In den einsamen Bergklöstern hat sich die Tradition der Käseherstellung bis heute erhalten, so wird beispielsweise der Tamié seit 1131 im Bergmassiv von Bauges im Kloster Notre-Dame de Tamié von Trappistenmönchen hergestellt. Der runde, bis zu 20 Zentimeter große Käse mit der hübschen rosafarbenen Rinde und dem cremigen Geschmack ähnelt nicht nur äußerlich dem Reblochon, sondern ist ihm auch in der Herstellung sehr ähnlich. Jedoch ist der Tamié noch ein wenig zarter und cremiger.

Die Mönche von Tamié haben in ihre Käserei investiert und produzieren mittlerweile noch einen weiteren Käse. Ursprünglich wurde der Chambarand von den Nonnen des Kloster Roybon in der Dauphiné hergestellt, die sich jedoch nicht mehr um das Reifen des Käses gekümmert haben. Der Chambarand ist ein zwei Zentimeter dicker, kleiner runder Kuhmilchkäse mit einem Durchmesser von acht Zentimetern. Der nur leicht gepresste, nicht erhitzte Teig reift in einem feuchten Keller drei bis sechs Wochen und entwickelt dabei eine dünne, glatte und gelbe Rinde. Der weiche Käse hat einen sehr cremigen Geschmack.

Der Tipp des Käsemeisters

Bei Käse denkt man viel zu selten an einen Rosé, dabei passt ein Montmélian Rosé hervorragend zum Tamié, aber auch ein roter Mercurey ist denkbar. Zum Chambarand sollte man eher einen Sancerre oder einen Pouilly-sur-Loire wählen.

Saint-Marcellin und seine Verwandten

Kuh • Weichkäse • Herkunft: Grésivaudan • Durchmesser: 8–13 cm • Dicke: 3–4 cm • Gewicht: 80 g • Herstellung: Bauernhof (fermière) • Rohmilch oder pasteurisierte Milch

Der Saint-Marcellin hat den Vorteil, dass er sowohl »trocken« als auch – wie auf diesem Bild – weich und flüssig hervorragend schmeckt.

Eine ganz andere Sorte Tomme wird zwischen Isère und Drôme in den sonnigen Rhône-Ebenen hergestellt, auf denen bereits provenzalische Vegetation gedeiht. Hier dominiert der berühmte Saint-Marcellin, der daher auch das AOC-Siegel trägt. Der Käse mit dem gediegenen Charakter verfügt über eine lange Historie. Als der zukünftige König Ludwig XI. sich auf der Jagd in Royans verirrte und plötzlich einem Bären gegenüberstand, eilten ihm zwei Metzger aus der Umgebung zu Hilfe. Nachdem sie das Tier erlegt hatten, beruhigten sie den Prinzen mit einem Käse aus Saint-Marcellin, der diesem so hervorragend mundete, dass er die beiden Metzger in den Adelsstand erhob.

Der aus Rohmilch oder pasteurisierter Milch von Kühen oder Ziegen oder einer Mischung von beidem (Tomme de Romans) hergestellte Käse wird von Käseliebhabern sehr geschätzt und sowohl gegessen, wenn er noch fest ist als auch, wenn er bereits läuft. Zu empfehlen ist sicherlich die goldene Mitte, beziehungsweise die Konsistenz, wenn er gerade beginnt zu laufen.

Der kleine runde Käse, der im Durchmesser nicht größer ist als acht bis neun Zentimeter, besitzt eine gelbliche, eventuell etwas blaugrau gesprenkelte Rinde. Mit seinem Fettgehalt von 45 % i. Tr. und einem milden, leicht nussigen Geschmack ist er das ganze Jahr über erhältlich.

Ganz anders sein Verwandter aus dem Departement Lyon oder heute auch häufiger aus der Rhône-Alpen-Region. Der **Saint-Félicien** wird zwar auf die gleiche Art hergestellt, ist aber mit seinen 60 % Fett i. Tr. deutlich fetthaltiger und damit cremiger. Daher kann man ihn, wenn er läuft, wie den Saint-Marcellin auch mit dem Löffel essen.

Der Tipp des Käsemeisters

Viele wählen zum Saint-Marcellin einen Wein aus Savoyen, etwa einen Mondeuse Rosé oder einen trockenen Weißwein aus Seyssel, andere raten zu einem leichten Beaujolais, einem fruchtigen, weichen Côtes-du-Rhône, einem Condrieu oder einem Gigondas, oder zu einem lebendigen Wein von der Loire wie dem Bourgueil. Probieren Sie auch mal einen Bourgogne de Marsannay dazu.

Zahlreiche Blauschimmelkäse stammen aus Savoyen. Unter ihrer dicken, harten Rinde verbirgt sich ein aromatischer, etwas mürber Teig, der sich hervorragend für Weinproben eignet.

Bleu de Bonneval und Savoyer Blauschimmelkäse

Kuh • halbfester Schnittkäse mit Schimmelrinde • Herkunft: Vallée de Bonneval • Durchmesser: 20 cm • Dicke: 12 cm • Gewicht: 2,8 kg • Herstellung: artisanal • Rohmilch

Zahlreich vertreten ist auch die Kategorie der Edelschimmelkäse, die sich an dem Bleu de Sassenage orientiert. So etwa der Bleu de Bonneval, dessen Duft nach Alpenkräutern von den Edelschimmelpilzen noch verstärkt wird. Oder der **Persillé des Aravis,** der nur noch von einer Handvoll Käsereien produziert wird. Er wird nicht gepresst, sondern erneut erhitzt, daher ist der Teig unter seiner dicken und harten Rinde auch bröckelig und scharf. Dies gilt auch für andere Blauschimmelkäse, die auf den Hochalmen von Tarentaise aus Ziegenmilch hergestellt werden. Auch der **Persillé de Tignes** und der **Persillé de Sainte-Foy-Tarentaise** – beide ebenfalls Ziegenkäse – werden weder gepresst noch gekocht. Sie beide sind von einem weißbläulichen Edelschimmel überzogen und haben einen herben, salzigen Geschmack, der einem lange auf der Zunge bleibt. Sie profitieren von einer ganz eigenen Herstellungsmethode, bei der die Dickete zerkleinert wird. Wenn die Milch nach zwei bis drei Tagen dick wird, zerkleinert der Käser sie, wie ein Metzger, der Hackfleisch herstellt, und füllt sie dann in die 1–1,2 Kilogramm fassenden Formen. Dank dieser Technik zerfällt der Käse geradezu auf der Zunge und eignet sich daher hervorragend für Weinproben, da der Wein mit dieser Begleitung sein volles Aroma entfalten kann. Dies gilt auch für den **Bleu de Termignon,** für den ich eine ganz besondere Vorliebe hege ...

Der Favorit des Käsemeisters

Bleu de Termignon

Kuh • halbfester Schnittkäse mit Blauschimmel • Herkunft: Termignon, Haute-Maurienne • Durchmesser: 30 cm • Dicke: 15–20 cm • Gewicht: 7–10 kg • Herstellung: Bauernhof (fermière) • Rohmilch

Es gibt nicht mehr viele Bauern, die in dem kleinen Bergdorf Termignon in den Hochalpen des Vanoise diesen seltenen und einzigartigen Käse herstellen, der im Gegensatz zu anderen Blauschimmelsorten nicht mit Penicillium beimpft wird, sondern auf ganz natürliche Weise Edelschimmel ansetzt.

Nachdem die Dickete erneut erhitzt wurde, wird der Teig mit Nadeln durchstochen, damit er von innen heraus schimmelt. Nach dem Schneiden wird der Teig in zehn bis elf Kilogramm fassende Formen aus Zirbelkiefernholz gefüllt, in denen er drei bis vier Monate reift. Während dieser Zeit wird er regelmäßig gewendet und befeuchtet, dennoch kann man nie sicher sein, wie er gelingt. Dank dieser geheimnisvollen Alchimie aus Rohmilch, Verarbeitung und der Belüftung des Kellers, in dem der Käse reift, entwickelt sich der blaue Edelschimmel – oder eben nicht. Wenn man die weiße Rinde mit den bräunlichen Flecken durchschneidet und den Laib teilt, entdeckt man einen ganz und gar weißen Teig. Manchmal ist er am Rand auch von feinen blauen Adern durchzogen, und manchmal ist er innen ganz und gar blau und trägt dann seinen Namen zu Recht. Der Käse verströmt einen einzigartigen Geruch nach Alpenkräutern, und sein kräftig-würziger Geschmack wird von Käseliebhabern sehr geschätzt.

Dank der geheimnisvollen Alchimie aus Rohmilch, Verarbeitung und Belüftung entwickelt sich beim Bleu de Termignon der bläuliche Edelschimmel oder eben auch nicht. Auf jeden Fall wird der immer seltener werdende Käse nicht mit Penicillium beimpft.

Die Tipps des Käsemeisters

• Der Bleu de Termignon wird ausschließlich aus Sommermilch hergestellt, daher sollte man ihn vor allem zwischen Allerheiligen und Ostern genießen. Allerdings lässt er sich gut lagern, sodass man ihn auch noch bis zu anderthalb Jahre nach seiner Herstellung verzehren kann.
• Die langen Käsescheiben passen zu einem üppigen, in Eichenfässern gelagerten Rotwein: Ein so seltener Käse verdient einen Saint-Émilion oder einen Château Margaux.
• Eine weitere, bescheidenere Möglichkeit bietet ein Viognier aus Ardèche.

Savoyer Fondue

Für 2 Personen
100 g Beaufort
100 g Emmentaler aus Savoyen
100 g Comté
1 Knoblauchzehe, halbiert
150 ml Savoyer Weißwein
schwarzer Pfeffer
Kirschwasser
Weißbrot zum Servieren

Die drei Käsesorten reiben oder in schmale Streifen schneiden. Einen Fonduetopf von innen mit der Knoblauchzehe ausreiben und den Weißwein (vorzugsweise Crépy) darin erhitzen.
Den Käse zugeben und unter ständigem Rühren etwa 20 Minuten schmelzen lassen, bis eine cremige, homogene Masse entsteht.
Mit einem Hauch frisch gemahlenem Pfeffer würzen und den Fonduetopf auf einem Rechaud in der Tischmitte platzieren. Mit Fonduegabeln gewürfeltes Weißbrot in den Käse tauchen.
Hat die Käsemenge abgenommen und droht der Rest am Boden des Fonduetopfes anzusetzen, kann man ihn mit einem Glas Kirschwasser wieder verdünnen und vom Boden lösen. Auch wenn diese Zubereitungsart eigentlich aus der Schweiz stammt – genau genommen vom Neuenburger Fondue –, hat man sie in Savoyen gerne übernommen und wartet manchmal gar nicht erst das Ende der Mahlzeit ab, sondern gießt das Kirschwasser schon dazu, wenn das Fondue gerade erst auf den Tisch gestellt wird.

Käseküchlein mit Saint-Marcellin

Für 4 Personen
1 Packung Blätterteig
2 Äpfel
2 Saint-Marcellin
Salz und Pfeffer
Pflanzenöl
Thymian, Kreuzkümmel, Rosmarin, Piment d'Espelette (wahlweise, ersatzweise scharfes Paprikapulver)

Aus dem Blätterteig vier runde Teigböden ausstechen. Die Äpfel schälen, vom Kerngehäuse befreien und in feine Scheiben schneiden. Jeden Teigboden mit den Scheiben eines halben Apfels leicht überlappend wie einen Apfelkuchen belegen. Die beiden Käse horizontal durchschneiden und je eine Käsehälfte auf die Äpfel in die Mitte der Küchlein legen. Mit etwas Salz und frisch gemahlenem Pfeffer bestreuen und ein wenig Öl darüberträufeln. Mit Thymian oder Kreuzkümmel, Rosmarin und Piment d'Espelette bestreuen.
Die Törtchen 15–20 Minuten bei 150 °C im Ofen backen und dazu Feldsalat reichen.

Berthoud

Für 2 Personen
200 g Abondance
1 Knoblauchzehe
Trester (alternativ Madeira oder Savoyer Weißwein)
Pfeffer, Muskatnuss
Weißbrot oder Kartoffeln zum Servieren
Wurstaufschnitt zum Servieren

Den nicht zu alten und nicht zu würzigen Abondance in Scheiben schneiden. Kleine ofenfeste Förmchen mit der halbierten Knoblauchzehe einreiben und mit den Käsescheiben auslegen.
Den Käse mit etwas Trester, Madeira oder Weißwein beträufeln und mit ein wenig frisch gemahlenem Pfeffer und Muskatnuss würzen.
Den Käse unter dem vorgeheizten Backofengrill etwa 10 Minuten gratinieren und sehr heiß servieren.
Zum Genießen in den geschmolzenen Käse wie beim Fondue mit der Gabel ein Stück Brot hineintauchen. Gut dazu passen auch Pellkartoffeln und Wurstaufschnitt.

Kaninchenpiccatas mit Beaufort

Für 4 Personen
2 Kaninchenrücken, ausgelöst, Knochen aufbewahrt
3 Schalotten, abgezogen und halbiert
150 ml Savoyer Weißwein
150 g Sahne
30 g Butter
600 g Kartoffeln
3 Knoblauchzehen
1 Bund Petersilie
Salz und Pfeffer
150 g Beaufort, gerieben

Die Kaninchenfilets rundherum in zerlassener Butter anbraten; beiseite stellen.
Für die Sauce in der gleichen Pfanne die Kaninchenknochen mit den Schalotten etwas bräunen lassen, mit dem Wein ablöschen, einen Schuss Wasser zugeben und die Flüssigkeit auf die Hälfte einkochen lassen. Die Sauce durch ein Sieb abgießen, wieder in die Pfanne geben und bei schwacher Hitze die Sahne und die Butter unterrühren, abschmecken und warm halten.
Die Kartoffeln schälen und reiben. Den Knoblauch mit der Petersilie klein hacken und unter die Kartoffeln mischen. Die Masse leicht ausdrücken, mit Salz und frisch gemahlenem Pfeffer würzen und zu vier Reibekuchen ausbacken. Auf ein Backblech legen.
Die angebratenen Kaninchenfilets 10 Minuten im 180 °C heißen Ofen fertigstellen, herausnehmen und in feine Scheiben schneiden.

Den Backofengrill auf mittlerer Stufe vorheizen. Das Fleisch auf den Reibekuchen anrichten und großzügig mit Käse bestreuen. Die Piccatas 10 Minuten unter dem Grill leicht bräunen, mit der Sauce überziehen und heiß servieren.

Fondue des Bauges

Für 6–8 Personen
1 Tome des Bauges
4–5 Knoblauchzehen, geschält
200 ml Savoyer Weißwein
1 kg festkochende Kartoffeln
Salat
Wurstaufschnitt

Einen Tome des Bauges in eine Backform legen, die seiner Größe entspricht, und den oberen Teil der Rinde entfernen.
Vier bis fünf Löcher in den Laib stechen und die Knoblauchzehen hineinstecken. Den Weißwein darübergießen und den Käse für etwa 30 Minuten in den auf 200 °C vorgeheizten Ofen schieben, bis er flüssig ist.
Inzwischen die Kartoffeln kochen, pellen und in Würfel schneiden. Den Käse mit den Kartoffelwürfeln, einem Salat und nach Belieben etwas Wurstaufschnitt servieren. Zum Genießen die Kartoffeln in den flüssigen Käse tauchen.

Savoyer Pfifferlinge

Für 4 Personen
1 kg frische, schöne Pfifferlinge
1 EL Butter
100 g magerer Speck, gewürfelt
2 Zwiebeln, fein gewürfelt
1 Bund Petersilie, fein gehackt
150 g Beaufort, gerieben
4 EL Crème fraîche
Pfeffer

Die Pilze mit einem trockenen, sauberen Tuch putzen, aber nicht waschen, und die Stielenden entfernen. Anschließend die Pilze der Länge nach halbieren.
Die Butter bei schwacher Hitze zerlassen und die Speckwürfel darin etwa 10 Minuten auslassen. Die Pilze zugeben und unter ständigem Rühren mit einem Holzlöffel 5–10 Minuten anbraten. Dann die Zwiebeln und Petersilie hinzufügen und alles zugedeckt 20 Minuten garen.
Den Topf vom Herd nehmen. Den Käse mit der Crème fraîche mischen und mit Pfeffer abschmecken, die Mischung unter die Pilze rühren und 3–4 Minuten erhitzen. Sofort servieren und genießen!

Tartiflette

Für 4 Personen
1 kg Kartoffeln
Butter
3 Zwiebeln
250 g Speck, in schmale Streifen geschnitten
1 Reblochon (500 g)
grüner Salat zum Servieren

Die Kartoffeln schälen und in feine Scheiben oder kleine Würfel schneiden.
Ein Stückchen Butter in einer Pfanne zerlassen, die Zwiebeln und den Speck darin anbraten. Die Kartoffeln zugeben und unter gelegentlichem Wenden anbraten.
Die fast garen Kartoffeln mit dem Speck und den Zwiebeln in eine gefettete Auflaufform geben. Den Reblochon horizontal halbieren, die Rinde dünn abschneiden und die Kartoffeln mit dem Käse bedecken. Die Tartiflette bei starker Hitze im Ofen gratinieren. Dazu grünen Salat und einen Weißwein (etwa einen Ripaille) oder einen Savoyer Rotwein (einen Mondeuse) reichen.

Soufflé mit Beaufort

Für 4 Personen
60 g Butter
80 g Mehl
500 ml Milch
Salz und Pfeffer
Muskatnuss
4 Eier
100 g Beaufort, gerieben

Die Butter in einem Topf zerlassen und das Mehl einrühren, um eine helle Mehlschwitze herzustellen. Anschließend nach und nach die Milch zugeben, dabei nach jeder Zugabe gut umrühren, damit sich keine Klümpchen bilden. Die Sauce aufkochen und bei schwacher Hitze unter ständigem Rühren 3–4 Minuten kochen lassen. Den Topf vom Herd nehmen und die Sauce mit Salz, frisch gemahlenem Pfeffer und etwas Muskatnuss würzen.
Die Eier trennen. Die Eigelbe unter die Sauce rühren und etwa 80 g Beaufort zugeben. Das Eiweiß mit einer Prise Salz zu Eischnee schlagen und unterheben. Die Soufflémasse in eine hohe gebutterte Auflaufform geben, mit dem restlichen Käse bestreuen und im auf 180 °C vorgeheizten Ofen etwa 45 Minuten backen. Sofort servieren.

VON DER PROVENCE BIS ZUM MITTELMEER

Unter der hochstehenden Sonne

Sanft wie die von Pagnol beschriebenen blühenden Hügel und Täler oder schroff wie das Gebirge im Hinterland mit seinen geheimen Dramen, die Giono erzählt hat: Die Käsesorten der Provence und des Mittelmeers spiegeln die Landschaften, aus denen sie stammen, wider. Mit der Zivilisation kam einst die Ziege aus Griechenland nach Frankreich und beherrscht bis heute die kargen und felsigen Weiden.

DAS KÖNIGREICH DER ZIEGEN

Rechte Seite: Steinige Hänge, duftende Kräuter, Pinien, Zikadengesang unter einem azurblauen Himmel, sonnenverbrannte Erde – die provenzalische Landschaft präsentiert sich stets fotogen.

Verlässt man die hochalpinen Hänge und steigt gen Süden hinab ins Rhônetal, ändert sich die Landschaft und wird, wenn man bei Valence den 45. Breitengrad überquert hat, immer provenzalischer. In der abwechslungsreichen Landschaft auf beiden Seiten des Flussbetts, in dem das rauschende Bergwasser gen Mittelmeer fließt, haben sich die Pflanzen der Sonne angepasst. Von den Hügeln in den Departements Drôme und Ardèche bis zu den Hochplateaus und Bergmassiven, die den alpinen Bogen in Richtung Meer durchziehen, bis zu den Heidelandschaften mit duftenden Lavendelfeldern, Thymian und Rosmarin, die den Fluss säumen, und bis hin zu den schroffen Landstrichen, in denen sich das Gras mühsam einen Platz im Geröll suchen muss, ob im Schatten einer Kastanie oder unter dem schützenden Sonnenschirm einer Pinie, in der die Zikaden singen – seit Jahrhunderten durchstreifen die unermüdlichen Vierbeiner diese unterschiedlichen Landstriche und suchen auf den Hängen, in den Talsohlen oder entlang den staubigen Straßen nach Nahrung, um dabei alles zu fressen, was ihnen unter ihren Ziegenbart kommt. Ob in den Bergregionen, wo es selbst den Schafen schwerfällt, sich zu akklimatisieren, oder in den von der Sonne ausgedörrten Landstrichen, wo das Gras rar ist, die Ziegen finden immer Nahrung und zermalmen mit ihren hervorragenden Zähnen auch holzige und faserige Pflanzen und Gestrüpp, das selbst in der trockensten und kärgsten Gegend gedeiht. Und die wackeren Tiere geben eine sehr fettreiche Milch, die

Seit Jahrhunderten durchstreifen die widerstandsfähigen weißen Saanen-Ziegen und die Rove-Ziegen mit den geschwungenen Hörnern die kargen Landschaften der Provence.

hinsichtlich ihres Wassergehalts und des Anteils fester Bestandteile durchaus mit Kuhmilch mithalten kann. Die daher so wertvollen Tiere haben lange Zeit das Überleben der zurückgezogen in den Bergen oder in den von der Sonne ausgedörrten Ebenen lebenden Menschen mit Milch und Käse gesichert. Auch heute tragen sie noch dazu bei, das unwirtliche Land urbar zu machen, indem sie es von Unkräutern befreien. Gelobt sei das Umweltbewusstsein der Zicklein!

In den Bergen dominieren bis heute die widerstandsfähigen Rassen, wie die Alpine-Ziege mit den langen Hörnern und dem braunen Fell oder die ganz weiße Saanen-Ziege, aber man findet dort auch die etwas kleinere Rove-Ziege mit ihren harfenförmig gebogenen Hörnern. Doch egal welche Rasse, und ob der sie begleitende Bock auch etwas stark riecht – sie alle geben während der Sommermonate zwei bis drei Liter (einige Rassen sogar bis zu vier Liter) Milch, säugen ihre Jungen, bis diese entwöhnt sind, und geben die restliche Milch dem Senner. Für diesen unabänderlichen Zyklus verzeiht man den Milch gebenden Ziegen gerne ihren etwas sturen und kapriziösen Charakter.

Picodon: trocken und zart

Ziege • **Weichkäse** • **Herkunft:** Drôme, Ardèche • **Durchmesser:** 6–10 cm • **Dicke:** 2–3 cm • **Gewicht:** 50–100 g • **Herstellung:** Bauernhof (fermière), Molkerei (laitière) oder artisanal • **Vollmilch**

Dem Saint-Marcellin äußerlich ähnlich in Bezug auf Größe, Dicke und den Flaum des Edelschimmels auf der Rinde, haben die Ziegenkäse, die man beim Abstieg in Richtung Drôme und Ardèche immer häufiger antrifft, doch ihren ganz eigenen Charakter. Der Bekannteste unter ihnen ist der Picodon, dessen Name sich vom provenzalischen Wort *picaoudou* ableitet und wörtlich übersetzt »pikant gewürzt« bedeutet. Er stammt aus verschiedenen Gegenden, und so gibt es den Picodon de Dieulefit, du Diois, de Saint-Agrève, du Vivarais, des Cévennes, de Valréas und du Comtat Venaissin. All diesen Landstrichen ist gemeinsam, dass die Ziege dort der Haupt- und oft der einzige Milchlieferant ist. Da die Ziegen im Winter keine Milch geben, war Käseerzeugung die beste Möglichkeit, die Milch haltbar zu machen und den Käse je nach Bedarf kürzer oder länger reifen zu lassen.

Die Herstellung des Picodon wird bis heute vorwiegend in kleinen Sennereien auf traditionelle Art betrieben. Die mit etwas Lab versetzte Dickete wird mit einer Kelle in kleine runde Abtropfbehälter gefüllt, um anschließend in luftigen Kellern auf Traggittern drei bis vier Wochen zu trocknen. Dadurch bleibt der Teig zwar weich und ist dennoch fest und samtig, ohne zu laufen. Seine weißlich bis bläulich gefärbte Rinde ist dünn und natürlich geschimmelt, und er verströmt einen leichten Duft nach Ziege, was sein pikantes, nussiges Aroma verrät.

Es gibt diesen Käse in unzähligen Variationen, so wird der Dieulefit beispielsweise in Weißwein eingelegt, während andere Sorten in Olivenöl ziehen oder sogar mit Trester gewaschen werden. Einige werden in der Asche von Holzkohle gewälzt, andere in Weinblätter gewickelt oder sogar in kleinen Tontöpfen versiegelt, in denen sie nach einigen Monaten schwarz und sehr würzig werden. Es ist genau diese Verwandlungsfähigkeit, die den Picodon so besonders macht, daher hat jedes Dorf, manchmal sogar jeder einzelne kleine Betrieb sein eigenes Rezept und sorgt damit bei Käseliebhabern für immer wieder neue Überraschungen. So gibt es zum Beispiel in dem winzigen Dorf Saint-Bardoux de la Drôme, in dem mehr Ziegen als Einwohner leben, noch zwei, drei Bauern, die den Käse frisch und feucht anbieten, während andere je nach Reifezeit einen cremigen bis trockenen und damit auch immer würzigeren Käse verkaufen.

Die Tipps des Käsemeisters

• Um die Picodons und Tommes de Chèvre in ihrer ganzen Vielfalt zu probieren, sollten Sie nach einer Mahlzeit einfach einmal sieben oder acht verschiedene Sorten unterschiedlicher Herkunft und Reifegrade (von ganz frischem bis sehr trockenem Ziegenkäse) auf einem Servierteller anbieten. Dabei sollten Sie pro Person ein bis zwei Käse rechnen.
• Zu diesem Käse empfiehlt sich ein roter Côtes-du-Rhône: Probieren Sie doch mal einen Gigondas oder einen Crozes-Hermitage.
Der Picodon verträgt sich auch gut mit Weißwein, etwa einem Abyme, einem Sancerre, einem Reuilly, auch mit einem Rosé, wie einem Tavel oder einem Rosé de Provence, oder sogar mit einem Champagner.

Die kleinen Tommes de Chèvre aus Drôme und Ardèche besitzen eine natürliche weiße Schimmelrinde, die sich mit zunehmendem Alter leicht bläulich färbt.
Ein Käse, den es in unzähligen Variationen gibt.

Der nach dem gleichnamigen Dorf benannte Banon wird zum Reifen in Kastanienblätter gewickelt.

Banon

Ziege • Weichkäse • **Herkunft:** Region um Banon • **Durchmesser:** 7–9 cm • **Dicke:** 2–3 cm • **Gewicht:** 80–100 g • **Herstellung:** Bauernhof (fermière) oder artisanal • **Rohmilch und Vollmilch**

Auf der linken Seite der Rhône in Richtung der Berge leiten terrassenförmige Hänge in die provenzalische Landschaft über. Man durchquert die Baronnies, das Land der Linden und Olivenhaine, und befindet sich kurze Zeit später unter der gleißenden Sonne in der Lieblingslandschaft Gionos in der Montagne de Lure und in Forcalquier und vor allem in Banon, dem Ort, der seinen Namen einer der bekanntesten Käsesorten der Provence gegeben hat. Dieser Käse existiert natürlich nicht erst seit gestern und nicht nur, weil hier häufig die Sonne scheint. Bereits 1270 wurde er in Schiedssprüchen zwischen benachbarten Dörfern erwähnt. Und da man ja gerne dazu neigt, die Geschichte ein wenig auszuschmücken, um eine Legende daraus zu machen, wird behauptet, der römische Kaiser Antoninus Pius – Adoptivsohn des Kaisers Hadrian und gleichzeitig Adoptivvater von Mark Aurel – habe so sehr für den Banon geschwärmt, dass er durch den überreichlichen Genuss dieses Käses zu Tode gekommen sei.

So ranken sich seit Jahrhunderten Geschichten um den Banon, der auch heute noch nach alter Tradition hergestellt wird. Der weiche Teig, der weder gepresst noch erhitzt wird, wird originellerweise aus einer ungesäuerten Dickete gewonnen, da die Milch aufgrund der warmen Temperaturen des provenzalischen Wetters ganz schnell weiterverarbeitet werden muss. In runden Formen lässt man den Teig abtropfen, bevor er mit Salzlake abgewaschen wird und fünf bis zehn Tage reift. Anschließend wird er in im Herbst gesammelte Kastanienblätter gewickelt, die zuvor gekocht und in Essigwasser oder für Liebhaber sehr würziger Käse auch in Trester eingeweicht wurden und die dem Käse dank ihrer Gerbstoffe ein spezielles Aroma verleihen. Die in die Blätter gewickelten und mit Bast verschnürten Käse reifen weitere zehn bis vierzig Tage in feuchten Kellern. So entstehen kleine, runde Käse mit weichem, glattem, cremigem Teig und einer gelblichen bis bräunlichen, dünnen Rinde, auf der sich durch die Blattadern schöne Muster abgezeichnet haben. Je jünger der Käse ist, desto milder und nussiger schmeckt er. Durch einen längeren Reifungsprozess wird das Aroma immer stärker, vollmundiger und pikanter, und der Käse entwickelt einen Duft nach Humus mit leichten Anklängen von Ziege.

Trotz seiner charakteristischen Besonderheiten lässt sich der Banon leicht variieren, da die Milch der Alpillen sehr reich an verschiedenen Aromen ist und er die Eigenheiten der Provence-Kräuter sehr gut annimmt. So wird er manchmal nach dem Abtropfen in Bergminze gewälzt oder mit ganzen oder zerstoßenen Bergminzeblättern bestreut. Oder er wird in Tongefäßen in Trester eingelegt und gereift. Manchmal wird dieser *bosson* genannte Käse zusätzlich auch noch in Olivenöl und Kräutern eingelegt.

Die Tipps des Käsemeisters

• Zum Käse aus dem Land der Sonne passt am besten ein Wein aus der gleichen sonnigen Gegend, beispielsweise ein trockener Weißwein oder ein Rosé Coteaux du Ventoux.
Ein länger gereifter, würziger Banon verträgt sich hingegen besser mit einem roten Coteaux du Ventoux.

• Ohne in Konkurrenz zu den Bauern der Alpillen treten zu wollen, kann man Ziegenkäse auch selber reifen lassen. Sammeln Sie dazu beispielsweise Weinblätter, waschen Sie diese gründlich, blanchieren Sie sie kurz, und lassen Sie sie gut abtropfen. Trockenen Weißwein in ein Glasgefäß gießen und die Blätter darin eine Woche lang ziehen lassen. Anschließend kleine Tommes, die ebenfalls nur acht Tage reiften, in die Blätter einwickeln, mit Bast zubinden und an einem kühlen, luftigen Ort aufbewahren. Jeden Tag wenden und nach 14 Tagen genießen. Aber natürlich können Sie den fertigen Käse auch bei Ihrem Käsehändler kaufen.

Pélardon

Ziege • Weichkäse • Herkunft: Cevennen **• Durchmesser:** 6–7 cm **• Dicke:** 2–3 cm **• Gewicht:** 60–100 g **• Herstellung:** Bauernhof (fermière) oder artisanal **• Rohe Vollmilch**

Verlässt man den Fluss in Richtung Cevennen und Languedoc, kommt man schnell in eine sehr raue und trockene Gegend, in der im Schatten der Kastanien ein ganz anderer Käse seinen Ursprung hat. Auch wenn der Pélardon ebenso in Ardèche oder in Lozère hergestellt wird, ist es doch eher ein Käse der Heidelandschaften als des Gebirges. Von der Größe und seinem nussigen Aroma ähnelt er seinem Nachbarn aus Ardèche und Drôme – dem Picodon –, denn er hat wie dieser eine

Optisch beinah unscheinbar wartet der kleine Pélardon mit einem sehr cremigen Teig und einem leicht nussigen Aroma auf. Mit zunehmendem Alter wird der Teig fester und pikanter.

flache zylindrische Form, ist etwa zwei bis drei Zentimeter dick, hat einen Durchmesser von sechs bis sieben Zentimetern und wiegt nur 60–100 Gramm. Sein Aroma erhält er von den kräuterreichen Wiesen, über die die Ziegenherden ziehen. Ziegen, die sich im Lauf der Zeit von der Größe und Widerstandsfähigkeit an das steinige Gelände angepasst haben. Und auch der Name des Käses wurde beständig an den provenzalischen Dialekt angepasst – Paraldon, Pélardou, Péraudou –, bis man ihn im 19. Jahrhundert endgültig Pélardon taufte.
Die heutigen Senner haben die traditionelle Herstellung des Pélardon von den einstigen Schäfern übernommen: Die frische Dickete wird mit der Schöpfkelle geformt und reift anschließend mindestens elf Tage zu einem cremigen Teig mit leicht nussigem Aroma heran. Je länger der Käse reift, desto fester und manchmal sogar brüchiger wird der Teig, und desto dunkler verfärbt sich die dünne Rinde. So ist Mistrals Definition in seinem französisch-provenzalischen Wörterbuch absolut zutreffend: »Der Pélardon ist ein kleiner, trockener, pikanter Käse.«

Die Tipps des Käsemeisters

- Da der Käse aus dem Land der Sonne stammt, sollte man einen cremigen Pélardon wählen, ihn mit Olivenöl beträufeln und ihn sich mit ein paar zarten Salatblättern munden lassen.
- Zum Pélardon, dem Käse aus der kargen und steinigen Heidelandschaft, passt ein kräftiger roter Costière du Gard oder ein vollmundiger Corbières. Beide unterstreichen seinen Geschmack.

Brocciu

Ziege und **Schaf** • **Frischkäse** • **Herkunft:** Korsika • **Durchmesser** und **Dicke** variieren je nach Abtropfgefäß • **Gewicht:** 500–1000 g • **Herstellung:** Bauernhof (fermière) • **Rohmilch**

Am Meer angekommen, bietet es sich an, einen kleinen Abstecher nach Korsika zu machen, denn die Insel ist nicht nur wunderschön, sondern auch die Heimat eines Käses, der gut zu der Landschaft dort passt. Der Brocciu wird seit jeher auf Korsika hergestellt, obwohl er lange Zeit nur als Milchprodukt und nicht als Käse galt. Doch genau das macht seine Einzigartigkeit aus: Für einen durchschnittlich ein Kilogramm schweren Laib bedarf es mindestens elf Liter Schafs- oder Ziegenmilch, wobei je nach Zusammensetzung der Herde auch beide Milcharten gemischt verwendet werden. Das Gewicht des Brocciu schwankt nach dem Abtropfen zwischen 500 Gramm und einem Kilogramm.

Als Frischkäse ist der Brocciu noch flockig, da man die Molke sehr langsam abtropfen lässt. Ob herzhaft oder, wie hier auf dem Bild, süß mit etwas Honig und frischer Minze angerichtet – der Brocciu ist vielseitig kombinierbar.

Die Schäfer und Senner, die den Käse zwischen November und Juli produzieren, mischen die Milch des Vortags mit der am Morgen gemolkenen. Die Milch wird dickgelegt und gesäuert und der so entstandene Bruch in Kupferkesseln sanft auf 35–40 °C erwärmt. Ursprünglich wurde der Kessel über einem Feuer aus harzfreiem Holz erhitzt, heute verwendet man immer öfter Gas als Wärmequelle. Die erhitzte Molke wird leicht gesalzen und mit 10–15 Prozent frischer Milch versetzt. Anschließend wird die Mischung weiter auf 80–90 °C erhitzt, bis sie flockt bzw. der Brocciu – wie man so sagt – in Form von kleinen Flocken an die Oberfläche kommt. Diese Flocken werden abgeschöpft und zum Abtropfen in eine abgestumpfte Kegelform gefüllt. In diesem Zustand wird er als Frischkäse bzw. Brocciu *frais* (frischer Brocciu) angeboten. Viele Schäfer lassen den Käse auch reifen, um ihn haltbarer zu machen. In diesem Fall wird er an der Oberfläche mehrfach gesalzen und in Kellern auf Holzbrettern mindestens 15 Tage gereift. In dieser Zeit wird er regelmäßig abgerieben und gewendet. Dieser gereifte Käse wird als Brocciu *passu* das ganze Jahr über angeboten.

Die Tipps des Käsemeisters

- Brocciu und Brousse (ein weiterer provenzalischer Frischkäse) schmecken süß mit Honig oder Konfitüre oder aber würzig mit Salz und Pfeffer und etwas Olivenöl oder, wie auf Korsika, in Aquavit eingelegt, der ihm auch einen ganz eigenen Duft verleiht.
- Ein Käse, der sich wunderbar anpasst, denn er schmeckt frisch oder trocken: Von Frühling bis Herbst wird er aus Ziegenmilch hergestellt und vom Winter bis in den Sommer hinein aus Schafsmilch. Er schmeckt warm oder kalt.
- Der Brocciu hat, anders als Quark, durchaus Eigengeschmack und auch einen speziellen Geruch. So passt zu ihm wunderbar ein charakteristischer Wein aus der gleichen Region, beispielsweise ein roter Patrimonio.

Ziegenkäse

Die Ziegen- und Schafskäse aus dem sonnigen Süden Frankreichs ähneln sich zwar häufig in ihrer Art, nicht jedoch in ihrer Herkunft und Herstellung. Dadurch gibt es eine große Vielfalt ähnlicher Käsearten, und es gilt, in jedem Dorf und bei jedem Senner neue Sorten zu probieren, in denen sich die Landschaft der Provence und des Mittelmeers widerspiegeln. Einige Ziegenkäse werden jedoch an unterschiedlichen Orten auf die gleiche Art hergestellt, beispielsweise hat der **Chèvre des Alpilles** aus der Region Saint-Rémy-de-Provence einen weichen Teig, der weder erhitzt noch gepresst wird und bei einer Reifezeit von mindestens zehn Tagen subtile Aromen entfaltet, die bei längerer Reifedauer immer deutlicher hervortreten. Am besten schmeckt er im Sommer, wenn man ihn noch cremig mit Kräutern der Provence und rotem Pfeffer bestreut genießen kann. Etwas größer und dicker (mit einem Durchmesser von etwa 13 Zentimetern und einer Dicke von vier Zentimetern) ist der mindestens zwei Monate gereifte **Chèvre de Provence,** den ein würziges Aroma mit leichten Anklängen von Ziege und Nuss auszeichnet. Beinahe genauso groß ist der **Saint-Mayeul,** der in der Ebene von Valensole hergestellt wird. Der etwa zwölf Zentimeter große und zwei Zentimeter dicke Käse entwickelt während der etwa einmonatigen Reifezeit eine dünne, natürliche Rinde und einen weichen Teig, der aus in nur drei Stunden dickgelegter Milch ohne Zusatz von Fermenten gewonnen wird. Das Ergebnis ist ein cremiger, besonders milder Käse mit feinem Nussaroma, das mit längerer Reifezeit immer ausgeprägter wird.

Die Provence bietet eine große Vielfalt an lokal gefertigten kleinen Ziegenkäsesorten mit authentischem Geschmack.

Die Tipps des Käsemeisters

- Es gibt nicht nur viele unterschiedliche Ziegenkäse, sondern auch verschiedene Arten, sie zu genießen. Zu empfehlen ist beispielsweise ein Tommette mit Olivenöl, Kräutern der Provence, grünen und roten Pfefferkörnern und einem Lorbeerblatt und dazu ein Rosé de Provence.
- Die provenzalischen Ziegenkäse entfalten ihr Aroma am besten in Kombination mit einem trockenen Weißwein, wie einem Coteaux du Ventoux oder einem Côtes de Provence.

Schafskäse

Zusammen mit den Ziegen beweiden die Schafe einen Großteil der Berge und der ans Mittelmeer angrenzenden Regionen und liefern Milch für Käsesorten, die durchaus mit denen ihrer gehörnten Kollegen mithalten können. Zum Beispiel für den **Brebis de Haute-Provence** und seinen Vetter den **Brebis du Luberon** – zwei traditionelle südländische Schafskäse, wobei erstgenannter mit Kräutern der Provence und getrockneter Bergminze und der zweite mit frischer Bergminze gewürzt wird. Nachdem die Käse bis zu einem Monat lang gereift sind, entfalten sie ein mildes, vollmundiges Aroma und sind sowohl frisch als auch gereift im Frühling oder im Winter ein Genuss. Mit einem Durchmesser von fünf Zentimetern und nur 60 Gramm Gewicht sind sie etwas kleiner als ihr Nachbar, der **Tomme de Brebis d'Arles** – ein länglicher, etwa sechs Zentimeter großer, drei Zentimeter hoher und 90 Gramm schwerer, ebenfalls äußerst milder und cremiger Käse, der gleichfalls mit Kräutern der Provence gewürzt und mit Olivenöl beträufelt wird.

Andere Käsesorten wie der **Brebichon** aus der Haute-Provence sind etwas spezieller. Sein Teig wird nicht erhitzt und nur wenig gepresst, allerdings entwickelt er eine dicke elfenbeinfarbene Rinde, die mit zunehmender Reifedauer dunkler wird. Auch sein nussiger Geschmack bekommt nach einer mindestens vierwöchigen Reifezeit ein immer ausdrucksvolleres Aroma. Er hat jedoch längst keine so lange Tradition wie der **Tomme de Brebis de Camargue,** der einst als Nahrung für die Bauern und ihre Arbeiter hergestellt wurde. Die fermentierte Dickete

Ob aus der Haute-Provence oder dem Luberon – dem provenzalischen Schafskäse haftet stets der herbe Charakter seiner Heimat an.

Große Schafherden weiden auf den Almwiesen der Haute-Provence.

wird mit frischer Biestmilch gemischt, der geschnittene Bruch in runde Formen mit einem Durchmesser von 25–30 Zentimeter gefüllt. Jede Form wird einmal gewendet, um den Käse mit einem Gewicht von etwa acht Kilogramm zu pressen. Am nächsten Tag wird der Käse aus der Form genommen, gesalzen und getrocknet, bevor man ihn sechs bis zwölf Monate reifen lässt. In dieser Zeit bildet sich unter einer braunen Rinde ein sehr aromatischer Hartkäse, der dem Parmesan ähnelt.

Noch größer ist der **Tomme de Brebis Corse.** Dieser 15 Zentimeter dicke und ungefähr 2,5 Kilogramm schwere Käse wird ebenfalls, wenn auch nicht so stark, gepresst und nur drei bis sechs Monate in trockenen Kellern gereift. Unter der glatten, weißgelblichen Rinde verbirgt sich ein Teig mit einem nussigen Aroma, der je nach Reifegrad etwas pikant schmecken kann.

Die Tipps des Käsemeisters

• Zu den Schafskäsen der Provence und der Camargue passen trockene Weißweine, wie ein Coteaux du Ventoux oder ein Coteaux d'Aix. Aber auch kräftigere Rotweine gleicher Herkunft sind ideale Begleiter.

• Liebhabern kräftiger Aromen sei der Cachat empfohlen – ein recht salziger Tomme aus Ziegen- und Schafsmilch aus dem Ventoux, den man folgendermaßen zubereiten kann: Ein frisch abgetropfter Cachat wird zerkleinert, in einen Steinguttopf gegeben, mit Salz und Pfeffer bestreut und zugedeckt. Auf der Oberfläche eine Cremeschicht, die immer wieder untergemischt wird. Je länger man wartet, desto intensiver wird der Geschmack des Käses. Zuletzt mischt man etwas Trester unter. Die so gewonnene Käsemasse wird mit rohen Zwiebelringen garniert und mit einem vollmundigen Châteauneuf-du-Pape genossen.

Rechte Seite: Ob aus Schafs- oder aus Ziegenmilch: Mit seinem würzig-pikanten Geschmack verkörpert der Venaco auf jeden Fall seine korsische Heimat.

Korsische Käsesorten

Auf Korsika gibt es längst nicht nur den Brocciu ... Korsika ist eine traditionelle Käseinsel, auf der die Sorten so vielfältig sind wie die Dörfer, Landschaften und Berge.

Zahlreiche Reisende haben die Käsevielfalt beschrieben, die davon herrührt, dass die Einheimischen gezwungen waren, Käse und andere Nahrungsmittel aufgrund des ländlichen Umfelds vor Ort herzustellen. Im Großen und Ganzen existieren noch heute in Nord- und Südkorsika zwei traditionelle Herstellungstechniken: Im Norden werden immer noch Käse mit weichem Teig und gewaschener Rinde produziert. Der typischste von ihnen – der **Venaco** – verdankt seinen Namen der Ortschaft im Zentrum der Insel, in der er hergestellt wird. Der Weichkäse aus Schafs- oder Ziegenmilch ist quadratisch und hat abgerundete Kanten. Auf der schönen, natürlichen dunkelbraunen Rinde zeichnet sich das Muster des Korbs ab, der dem Käse als Form gedient hat. Nach drei bis vier Monaten Reifung verströmt der würzige und pikante Käse einen starken Fermentationsgeruch.

Ein anderer typisch korsischer, würziger Käse verdankt seinen Namen einem kleinen Fluss im Norden der Insel: **Fium'orbo.** Auf der gewaschenen, orangefarbenen Rinde ist noch die Einkerbung der Schnur zu sehen, an der die Dickete abgetropft und der Käse mindestens zwei Monat gereift wurde, wobei er täglich gewendet wurde.

Noch kräftiger im Geschmack ist der **Niolo,** der nach dem Bergplateau in Zentralkorsika benannt wurde, auf dem die Schafe weiden, die die Milch für den Käse liefern. Auch er ist quadratisch mit abgerundeten Kanten, doch seine deutlich gelbere natürliche Rinde überzieht einen prägnant riechenden buttrigen Schnittkäse mit sehr ausgeprägtem Aroma, das daher rührt, dass er vier Monate in Salzlake eingelegt in einem feuchten Keller gereift wird.

Ganz anders der **Brin d'amour,** den man die Blüte der Macchia nennt, jenes dichten, für Korsika typischen Gebüschs aus wilden Sträuchern. Auch dieser Ziegenkäse stammt aus Zentralkorsika und verströmt nach einer Reifezeit von zwei bis drei Monaten den ganzen Duft der korsischen Bergvegetation. Der viereckige Käse wird mit Kräutern und Pfeffer gewürzt und in Rosmarin, Bergminze und Wacholderbeeren gewälzt.

Im Süden findet man eher nicht erhitzte Käse mit gepresstem Teig, wie den **Taravo** oder den **Porto-Vecchio,** wobei der bekannteste Käse sicherlich der **Sarteno** ist, der auf den Bergalmen um Sartène im Südwesten der Insel produziert wird. Für den Sarteno wird entweder Ziegen- oder Schafsmilch verwendet, manchmal auch eine Mischung aus beiden. Der drei Monate lang in trockenen Kellern gereifte Käse sieht aus wie eine etwas platt gedrückte Kugel. Er hat eine dünne, glatte, hellgelbe Rinde, unter der sich ein feiner, weicher Teig verbirgt. Sein leichter Duft verrät schon seinen pikanten Geschmack, den man seit der römischen Antike zu schätzen weiß.

Der Tipp des Käsemeisters

Korsische Käse sind würzig, körnig und pikant und verlangen nach einem im Fass gereiften, tanninhaltigen korsischen Rotwein oder einem Cahors.

Der Favorit des Käsemeisters

Rove oder ein Lob auf den Frischkäse …

Ziege • Frischkäse • Herkunft: Rove/Provence • Durchmesser: 8–10 cm • Dicke: 3–4 cm • Gewicht: 80–100 g • Herstellung: Bauernhof (fermière) oder Molkerei (laitière) • Rohmilch und Vollmilch

Dieser Käse, ein perfektes Bindeglied zwischen den Ziegenfrischkäsen der Provence und dem korsischen Brocciu, spiegelt den Esprit des Mittelmeers wider. Vorgänger der heutigen provenzalischen Bergziegen hat es schon in der griechischen Antike gegeben. Dem Mythos zufolge stammen sie aus Mesopotamien und wurden auf einer phönizischen Schaluppe transportiert, die vor Marseille auf der Halbinsel Rove Schiffbruch erlitt, wo sie sich seither vermehren. Auf jeden Fall haben sich die Ziegen hervorragend an die dortige Vegetation angepasst, die sich bis nach Luberon und in die Cevennen erstreckt. Neben Sträuchern gibt es dort wilden Thymian, Ginster, Stechginster, Zistrosen, Klematis, Wacholder, Rosmarin und sogar kleine Pinienschösslinge. All dies findet sich in der Milch wieder, aus der der Käse gemacht wird. Die Milch wird ohne Zusatz von Fermenten aufgekocht und nur mit etwas Weißweinessig versetzt, damit sie flockt. Die Milchflocken werden mit einem Schaumlöffel abgeschöpft und direkt in Formen gegeben, in denen die Molke langsam abtropfen kann. In der Tat wird dieser Käse frisch genossen, denn seine Lebensdauer ist kurz:

Wird die Kühlkette eingehalten, hält sich der Käse gerade mal bis zu einer Woche. Ursprünglich wurden 90 Prozent dieses Käses in der Ortschaft Rove hergestellt. Inzwischen hat sich das Produktionsgebiet ausgeweitet und erstreckt sich von Bouches-du-Rhône bis nach Vaucluse und von Var bis Alpes-de-Haute-Provence. Auch wenn ein echter **Rove** immer noch aus Rove stammen sollte, so gibt es doch zahlreiche fast ebenso gute Verwandte, darunter den **Vésubie.** Wünscht man sich den Käse leicht parfümiert, sollte man einen weißen und ganz frischen Petit Rove des Garrigues wählen, der nicht nur die Fülle der Pflanzenaromen enthält, sondern dazu noch mit einigen Kräutern der Provence gewürzt wird und dadurch einen Hauch von Zitrone bekommt.

Die Tipps des Käsemeisters

- Am besten reicht man den Rove des Garrigues ohne Brot als Aperitif. Der Käse ist eine Wonne für den Gaumen.
- Natürlich verlangt ein Rove nach einem Rosé de Provence oder einem Coteaux d'Aix.
- Ein echter Rove wird aus Ziegenmilch gemacht. Vorsicht, es wimmelt in den Geschäften von Fälschungen aus Kuhmilch, die längst nicht so aromatisch schmecken.

Linke Seite: Drei kleine Roves des Garrigues: Der nach wilden Kräutern duftende Frischkäse ist der ideale Abschluss einer Mahlzeit, bevor man sich im Schatten einer Pinie zur Siesta bettet.

Ziegenkäse im Filoteig

Für 2 Personen
2 Tomaten, in Stücke geschnitten
1 Knoblauchzehe
12 Blätter Filoteig
3 Chèvre de Provence, quer halbiert
50 g grüne Tapenade (Olivenpaste; nach Belieben)
Paprikapulver
Schnittlauch
Kopfsalat, Olivenöl-Vinaigrette

Die Tomaten und den Knoblauch zu einem groben Püree zerdrücken. Jeweils zwei Teigblätter überlappend nebeneinanderlegen und in die Mitte einen halben Ziegenkäse geben. Diesen mit etwas Tomatenmischung bestreichen und nach Geschmack auch mit etwas Tapenade. Mit Paprikapulver und Schnittlauchröllchen bestreuen, die Ziegenkäsehälften in die Teigblätter wickeln und jedes Päckchen mit einem Schnittlauchstängel zusammenbinden. Die Ziegenkäse im auf 200 °C vorgeheizten Ofen 5–10 Minuten backen.
Jedes Päckchen auf einem mit etwas Olivenöl-Vinaigrette beträufelten Salatbett anrichten.

Meerbarbe mit Schafskäse

Für 2 Personen
Olivenöl
1 Zwiebel, fein gewürfelt
Fenchelsamen
2 schöne Meerbarben, küchenfertig vorbereitet
Salz und Pfeffer
100 g Frischkäse aus Schafsmilch
Petersilie

In einem kleinen Topf etwas Olivenöl erhitzen und die Zwiebelwürfel glasig anschwitzen. Zwei Esslöffel grob gemahlene Fenchelsamen zugeben.
Die beiden Fische gründlich waschen, im Rücken einstechen und mit Salz und frisch gemahlenem Pfeffer bestreuen. Eine feuerfeste Form mit Olivenöl auspinseln, die Zwiebeln und den Fenchel hineingeben, die Fische darauflegen und den Schafskäse darüberbröckeln. Zum Schluss mit einigen Fenchelsamen bestreuen.
Die Fische im auf 210 °C vorgeheizten Ofen etwa 20 Minuten garen. Vor dem Servieren mit etwas Petersilie bestreuen und mit Olivenöl beträufeln.

Fiadone

Für 4 Personen
4 Eier
125 g Zucker
Salz
500 g frischer Brocciu
abgeriebene Schale einer unbehandelten Zitrone oder Orange
1 EL Mehl
Pflanzenöl

Die Eier trennen. In einer Schüssel die Eigelbe mit dem Zucker und einer Prise Salz mischen.
Den Käse mit einer Gabel zerdrücken und unter die Eigelbmischung rühren. Die Zitrusschale und das Mehl zugeben. Die vier Eiweiße zu Eischnee schlagen und vorsichtig unterheben.
Eine Auflaufform mit Backpapier auslegen und dieses mit Öl bepinseln. Die Käsemasse hineingeben und im heißen Ofen etwa 20 Minuten backen.
Aus der Form nehmen, abkühlen lassen und kalt servieren.
Als Variante, *ambrucciate* genannt, kann man den Fiadone auf einem Teigboden backen oder als *falculelle* auf Kastanienblättern, wie es in der Region von Corte üblich ist.

Artischockenböden mit Picodon

Für 4 Personen
100 g gemischter Blattsalat
Vinaigrette aus Olivenöl und Balsamico-Essig
4 gegarte Artischockenböden
4 Picodons
Salz und Pfeffer

Den Salat waschen und abtropfen lassen und die Vinaigrette zubereiten. Gleichzeitig den Ofen auf 210 °C vorheizen. Die Artischockenböden auf ein Blech legen, die Picodons daraufgeben, mit Salz und frisch gemahlenem Pfeffer würzen und beides 4–5 Minuten im Ofen backen.
Den Salat mit der Vinaigrette mischen, auf Tellern anrichten und jeweils einen Artischockenboden mit Käse daraufsetzen. Heiß servieren und dazu einen weißen Sancerre oder einen Rosé de Provence reichen.

Geflügelgratin mit Schafskäse

Für 4 Personen
5 weiße Rübchen (Mairüben)
3 Möhren
4 Pastinaken (ersatzweise 1 Knollensellerie)
Butter
Salz und schwarzer Pfeffer
500 g gekochtes Hühnchenfleisch (ohne Knochen)
200 g Hartkäse aus Schafsmilch ohne Rinde
1 Bund Petersilie, gehackt
1 kleine Dose Tomatenmark

Das Gemüse putzen und im Dampfgarer oder im Dampfkochtopf kurz garen, sodass es noch fest ist. In Scheiben schneiden.
Eine Gratinform mit Butter auspinseln und mit der Hälfte der Gemüsescheiben auslegen. Mit frisch gemahlenem Pfeffer würzen, eine Schicht gewürfeltes Hühnerfleisch darauf verteilen und die Hälfte des Käses darüberreiben. Das Tomatenmark in einem Glas heißem Wasser auflösen, die Petersilie zugeben und die Hälfte davon über das Fleisch gießen. Den Vorgang wiederholen und mit Butterflöckchen abschließen.
Das Gratin im heißen Ofen bei 200 °C so lange backen, bis die Oberfläche goldbraun ist. Sofort servieren – ein Essen, das an kalten Wintertagen von innen wärmt.

Feldsalat mit Pélardon

Für 6 Personen
250 g Feldsalat
3 Äpfel, vorzugsweise Renetten
2 Zitronen
2 gereifte Pélardon-Käse
Walnusskerne, fein gehackt
3 EL Walnussöl
Salz und Pfeffer

Den Salat waschen und putzen. Die Äpfel schälen, vom Kerngehäuse befreien und in feine Scheiben schneiden. Die Apfelscheiben mit dem Saft einer Zitrone beträufeln.
Salat und Apfelscheiben in einer Schüssel miteinander mischen und die beiden Käse darüberreiben. Die Nüsse darüberstreuen, den Saft der zweiten Zitrone und das Walnussöl zugeben. Salzen und großzügig mit frisch gemahlenem Pfeffer würzen. Mit einem trockenen Weißwein oder einem Rosé de Provence servieren.

Maki de Garrigues mit knackigem Gemüse

Für 4 Personen
3 Blätter Nori-Algen (getrocknet)
4 kleine Rove des Garrigues
1 TL Piment d'Espelette (ersatzweise scharfes Paprikapulver)
6 EL Olivenöl
30 g Salatgurke
¼ rote Paprikaschote
¼ grüne Paprikaschote

Die Algen mit kaltem Wasser bepinseln und auf Küchenpapier abtropfen lassen.
In einer Salatschüssel die Käse mit einer Gabel zerdrücken und Piment d'Espelette oder Paprikapulver und Olivenöl untermischen.
Die Gurke und Paprikaviertel von den Samen befreien, in kleine Würfel schneiden und mit dem Käse mischen.
Die Algenblätter auf der Arbeitsfläche auslegen, mit einer dicken Schicht Käsemasse bestreichen und wie eine Zigarre aufrollen.
Die Rollen 2–3 Minuten im Kühlschrank ruhen lassen, dann in 2–3 cm dicke Scheiben schneiden und sofort servieren.

Radicchio-Kresse-Salat

Für 6 Personen
250 g Radicchio di Treviso
100 g magerer Räucherspeck, in Scheiben geschnitten
2 gut gereifte Picodons
2 Schachteln Kresse
1 EL Olivenöl
Salz und Pfeffer
2 Zitronen

Den Radicchio putzen, den bitteren Strunk aus der Mitte herausschneiden und die Blätter waschen und abtropfen lassen.
Den Speck in einer Pfanne ohne Fett bei schwacher Hitze auslassen und zum Abtropfen auf Küchenpapier legen. Das Fett in der Pfanne aufbewahren.
Die beiden Käse reiben. In einer Salatschüssel Kresse, Radicchio, Speck und Käse miteinander vermischen. Mit Olivenöl, Salz und frisch gemahlenem Pfeffer würzen. Kurz vor dem Servieren die beiden Zitronen über der noch heißen Pfanne auspressen und den Saft mit dem Bratfett über den Salat gießen.

Omelett mit frischem Brocciu

Für 4 Personen
8 frische Eier
150 g frischer Brocciu, mit einer Gabel zerdrückt
Salz und Pfeffer
1 Handvoll Minzeblätter, fein gehackt
1 EL Olivenöl
einige gekochte Kartoffeln (nach Belieben)
100 g magerer Speck, klein gewürfelt (nach Belieben)
1 Zwiebel, fein gehackt (nach Belieben)
Butter

Die Eier mit der Gabel leicht verquirlen und den Käse untermischen. Mit Salz und frisch gemahlenem Pfeffer würzen und die Minze dazugeben. Alles zu einer homogenen Masse verrühren, jedoch nicht schaumig schlagen.
In einer großen Pfanne das Olivenöl bei mittlerer Temperatur erhitzen, die Eiermischung auf einmal hineingießen und backen, bis das Omelett hellgelb wird.
Für eine etwas gehaltvollere Variante gekochte Kartoffeln in Würfel schneiden. Bei schwacher Hitze den Speck und die Zwiebeln in etwas Butter ca. 10 Minuten auslassen. Die verquirlten, mit 2 Esslöffeln kaltem Wasser gemischten Eier zugeben und mit Salz und frisch gemahlenem Pfeffer würzen. Die Temperatur erhöhen und die Minze, die Kartoffelwürfel und den Brocciu darauf verteilen. Das Omelett wie einen Brief falten und noch 2 Minuten in der Pfanne garen. Dann wenden und erneut 1 Minute backen.

Ziegenkäseterrine mit Lauch

Für 6–8 Personen
10 Stangen Lauch
600 g Ziegenfrischkäse aus der Provence
Olivenöl
Salz und Pfeffer
Olivenöl-Vinaigrette

Den Lauch putzen, gründlich waschen und in Salzwasser kochen. In ein Sieb abgießen und sofort mit Eiswasser abschrecken, damit er seine Farbe behält.
Den Ziegenkäse mit einer Gabel zerdrücken. In eine Terrinenform abwechselnd eine Schicht Lauch und eine Schicht Käse geben, dabei mit Salz, frisch gemahlenem Pfeffer und Olivenöl würzen. Über Nacht kalt stellen und am nächsten Tag mit einer Vinaigrette servieren.

Salat mit Brousse de Rove

Für 4 Personen
4 Kartoffeln
500 g grüne Bohnen
2 Tomaten
2 hart gekochte Eier
3 EL Olivenöl
1 EL Weißweinessig
Salz und Pfeffer
300 g Brousse de Rove

Die Kartoffeln mit Schale kochen, die Bohnen putzen, in Stücke schneiden und 15 Minuten in Salzwasser kochen. Sie sollten auf jeden Fall noch bissfest sein. Die Bohnen in Eiswasser abschrecken. Die Tomaten kurz in kochendes Wasser tauchen und häuten. Die Tomaten und die Eier vierteln.
Die Kartoffeln pellen, in Scheiben schneiden und mit dem Olivenöl, dem Essig, Salz und frisch gemahlenem Pfeffer mischen. Die abgetropften Bohnen auf die Kartoffeln schichten, mit den Tomaten- und Eiervierteln garnieren und den in Stücke geschnittenen Käse darüber verteilen. Erneut etwas Olivenöl und Essig darüberträufeln und mit einem Rosé de Provence servieren.

Käsekuchen mit Brocciu

Für 8 Personen
Mürbeteig (aus 300 g Mehl, 1 Ei, 2 EL Zucker, 1 Prise Salz)
500 g frischer Brocciu
5 Eier
150 g Puderzucker
abgeriebene Schale einer unbehandelten Orange

Alle Zutaten für den Mürbeteig verkneten, in eine Springform geben und 10 Minuten im heißen Ofen bei 200 °C blindbacken.
Den Brocciu mit der Gabel zerdrücken, mit 4 Eiern, dem Zucker und der Orangenschale mischen und zu einer festen, glatten Masse verrühren. Die Masse auf dem vorgebackenen Kuchenboden verteilen und den Kuchen bei 180 °C in dem noch heißen Ofen backen, bis er aufgegangen und goldgelb ist. Das letzte Ei mit etwas Wasser verquirlen und die Kuchenoberfläche damit bepinseln. Den Kuchen weitere 30 Minuten im Ofen goldbraun backen und servieren.

Käsekuchen mit Brocciu.

DIE PYRENÄEN

Mit baskischem Akzent

Von Katalonien bis ins Baskenland ist die Sprachmelodie die gleiche. Wir sind in den Pyrenäen, wo eiskaltes Wasser in Sturzbächen die Felsen hinabfließt und die zerklüfteten Bergkämme die Grenze zwischen Frankreich und Spanien darstellen. Man singt im Chor und spielt Rugby oder Boule mit fast religiösem Fanatismus. Und vor allem produziert man natürlich einen unvergleichlichen Käse – überwiegend Schafskäse – als Lebensart.

SCHAFSKÄSE AUS DEM TAL – SCHAFSKÄSE VON DER ALM

Rechte Seite: Die Pyrenäen: eine Sennhütte, eine Almwiese, der sie umgebende Wald und das dahinterliegende Gebirge, dessen Gipfel von Wolken verhüllt werden.

Wenn man vom Südosten nach Westen fährt, vom Mittelmeer an den Atlantik, vom Vorgebirge der Alpen zum Vorgebirge der Pyrenäen, erlebt man nicht nur eine fantastische Reise, sondern hat die Gelegenheit, vorbei an den Heidelandschaften des Languedoc und den kargen Hängen der Cevennen vom Königreich der Ziege in das der Schafe zu kommen. Denn die Pyrenäen sind ihr Territorium – sei es unten im Vallée d'Ossau, wo die unermüdlichen und wackeren Basco-Béarnaiser Schafe grasen, oder hoch oben im Bergmassiv von Iraty, wo die widerstandsfähigen Manech-Schafe leben, die man gut an ihren schwarzen Köpfen mit den rötlichen Wangen erkennen kann. Entlang dieses zweiten großen kantigen Bergmassivs, dessen eine Flanke französisch, die andere spanisch ist, befinden sich dichte Wälder, grüne, fette Almen und Weiden mit duftenden Kräutern wie Myrte und Enzian; lebhafte Bergbäche ergießen sich ins Tal und schwellen manchmal im brausenden Gewitter zu wütenden Sturzbächen an.

Die Straße 918 schlängelt sich fast 200 Kilometer lang durch die Provinzen Béarn und das Baskenland mit den Bergpässen Tourmalet und Aubisque – vorbei an Hügeln und Tälern, die den Radprofis der Tour de France wohlbekannt sind – bis zum Atlantik, wo sie in Saint-Jean-de-Luz endet. Béarn und das Baskenland bilden das Departement Pyrénées-Atlantiques, wo seit jeher Schäfer und Käser im Rhythmus der Geburten, des Mel-

Auf einer Hochalm zwischen Aspe und Osseau.

kens und der Almauftriebe leben, bei denen jährlich mehr als 300.000 Schafe aus den Tälern und Ebenen auf die Almen ziehen.

Der hohe Fett- und Stickstoffgehalt der sahnigen Schafs- und Ziegenmilch wirkt sich auch auf den Käse aus. Und die Schafe geben viel Milch. Waren es bis vor Kurzem noch 55–60 Liter pro Schaf, was durchschnittlich zehn Kilo Käse pro Jahr bedeutet hat, liefert ein Schaf heute durchschnittlich 200 Liter pro Jahr, da man mit Selektion den Milchertrag gesteigert hat. Auch wenn nicht weit entfernt in Richtung Aveyron der Roquefort für den Ruhm des Schafskäses sorgt, so stehen die Pyrenäen und das Baskenland dem Departement Aveyron in nichts nach.

Ossau-Iraty: zwei Käse in einem

Schaf • **Schnittkäse** • **Herkunft:** Béarn und Baskenland • **Durchmesser:** 26 cm • **Dicke:** 9–12 cm • **Gewicht:** 4–5 kg • **Herstellung:** Bauernhof (fermière) und vor allem Molkerei (laitière) • **Vollmilch**

Der Ossau-Iraty ist nicht nur der einzige Käse der Pyrenäen mit dem AOC-Siegel, sondern auch der einzige Schafskäse, dessen Teig gepresst, aber nicht gekocht wird, und der zudem in den Augen einiger Puristen eigentlich zwei Käsesorten darstellt. Schon der Doppelname des Käses verrät, dass er zwei Herkunftsgebiete hat, die beide ihre Besonderheiten aufweisen. **L'Ossau** steht für Béarn und seine sanften grünen Täler, aber auch für Aspe, Barétous und Ouzoum. **Iraty** steht für das Baskenland mit seinen großen Buchenwäldern und seinen grünen Wiesen, auf denen im Sommer Edelweiß und Steinbrech wachsen. Zwei Herkunftsgebiete, aber die gleiche Qualität und sogar die gleiche tausendjährige Legende, nach der der Käse sogar einen göttlichen Ursprung hat, da nur ein Gott, in diesem Fall der berühmte Schäfer Aristaios, Sohn des Apollon und der Nymphe Kyrene, einen solch göttlichen Käse habe erschaffen können. Man mag es glauben oder nicht, auf jeden Fall wird der Pyrenäenkäse bereits im 1. Jahrhundert als schöne Ware auf dem Markt von Toulouse erwähnt. Und seitdem wird er auf den Bauernhöfen und in den Käsereien, aber auch von den Schäfern im Gebirge nach dem stets gleichen traditionellen Prinzip hergestellt.

Die Herstellung beginnt immer morgens, wenn die frische Schafsmilch in einen Kessel gegossen und auf 28–35°C erwärmt und mit Lab versetzt wird, damit sich eine gute

Am besten schmeckt der in feine Scheiben geschnittene Ossau-Iraty mit etwas Kirschkonfitüre.

Dickete entwickelt. Mit der Käseharfe wird die Dickete anschließend recht fein geschnitten, bevor der Teig erneut erhitzt und mit einem Quirl gerührt wird, damit sich die Molke absetzt, bevor er in gelochte Formen gefüllt und gepresst wird, wobei er erneut Molke absondert. Die Formen geben ihm sein typisch zylindrisches Aussehen, das bei den Käsen aus Ossau leicht konvex ist, einen Durchmesser von 26 Zentimetern hat, etwa neun bis zwölf Zentimeter hoch ist und zwischen vier und fünf Kilogramm wiegt, während der Käse aus Iraty die Form eines geraden Zylinders hat und nur eineinhalb bis drei Kilogramm wiegt. In beiden Fällen liegt der Fettgehalt jedoch bei mindestens 50 Prozent Fett i. Tr. Ist der Käse abgetropft, wird er ausgeformt, mit grobem Salz und mit Lake eingerieben und reift anschließend mindestens drei Monate in einem kühlen, feuchten Keller. In dieser Zeit wird die Rinde immer wieder mit Salzwasser eingerieben, damit sie schön fett wird. Die Senner behalten nach einem alten überlieferten Gesetz jeden zwölften Käse als Entgelt ein. Der fertig gereifte Käse hat eine dicke orangegelbe Rinde, die sich bei langer Lagerung aschgrau verfärbt. Der elfenbeinfarbene und leicht körnige Teig schmeckt mild und zergeht beinah auf der Zunge. Mit zunehmendem Alter wird das Aroma des Käses etwas würziger.

Die Tipps des Käsemeisters

- Der Ossau-Iraty passt hervorragend zu vollmundigen roten oder weißen Weinen, beispielsweise einem Madiran, einem Irouleguy oder einem Jurançon.
- Gelegentlich vergisst man, dass sich der Ossau-Iraty auch hervorragend als Gratinkäse eignet – probieren Sie es aus.
- Oder man serviert ihn nach Art der Basken zum Dessert: in feine Scheiben geschnitten mit Konfitüre aus schwarzen Süßkirschen oder Schattenmorellen.
- Es gibt verschiedene Varianten des Ossau-Iraty, etwa den Esbareich de Bigorre mit seinem feinen Bouquet oder den Laruns, der im Tal von Ossau von November bis Mai hergestellt wird.

Der Ardi-Gasna ist an seiner hübschen orangebraunen Rinde gut zu erkennen.

Im gesamten Gebiet der Pyrenäen und vor allem im westlichen Teil der Bergkette werden noch zahlreiche andere Käse produziert, die überwiegend aus Schafsmilch gemacht werden.

Für einige Sorten wird jedoch auch Kuhmilch verwendet oder eine Mischung aus beiden. Häufig ähneln sie dem Ossau-Iraty dadurch, dass sie in feuchten, kühlen Kellern reifen und im Frühling und Sommer jede Käseplatte bereichern.

Schafskäse

Ein authentischer Käse des Baskenlands ist der **Ardi-Gasna,** in dessen Namen die Sprache des Landes anklingt. Je nach Herkunft und der Milchmenge vor Ort wird er in verschiedenen Größen produziert, wobei seine runde Form einen Durchmesser von ungefähr 20 Zentimetern und eine Dicke von etwa sieben Zentimetern hat, bei einem Gewicht von ungefähr drei Kilogramm. Seine

Reifezeit beträgt mindestens vier Monate, während der er regelmäßig mit Salzwasser abgewaschen und gebürstet wird. Dies schenkt ihm eine orangebraune Rinde, unter der er gut noch ein paar Monate oder sogar ein ganzes Jahr weiter reifen kann, um am Ende einen wunderbar feinen Geschmack zu entwickeln. Ganz anders der bei Tarbes aus Rohmilch hergestellte Weichkäse **Nabouly d'en Haut,** dessen ovale Form an einen Rugbyball erinnert. Der drei Wochen gereifte und mit *Oidium lactis* bedeckte Käse ist zudem deutlich milder.

Wer es noch zarter und frischer liebt, sollte einen aus gesäuerter Schafsmilch gewonnenen Käse probieren, der in Béarn **Greuilh,** im Baskenland **Zembera** genannt wird und den man in einem Tuch abtropfen lässt. Er wird nach Gewicht verkauft und nicht abgepackt und muss schnell, innerhalb einer Woche, gegessen werden. Am besten schmeckt er ohne Zucker zu Kaffee, oder besser noch zu Armagnac und Pflaumenmus.

Noch rascher verzehren sollte man den **Gaztanbera,** der baskische Name für »zarten Käse«. Sein anderer Name **Mammia** bedeutet »Mark«, was seine weiche Konsistenz sehr gut beschreibt. Dafür wird die Dickete aus Schafsmilch mit Lab versetzt und darf nach dem Abkühlen anderthalb Stunden ruhen. Der Gaztanbera wird überwiegend auf Märkten in kleinen Steinguttöpfen angeboten und als erfrischendes Dessert wie Joghurt mit Zucker oder Honig gegessen.

Kehrt man zum östlichen Rand des Massivs nach Corbières zurück, findet man dort weitere exzellente, aber gänzlich andere Schafskäse vor, so etwa den **Galette du Val de Dagne,** der bei einer Dicke von höchstens drei Zentimetern wirkt wie eine runde, 25 Zentimeter große Scheibe. Während des Reifens wird er zunächst mit Salzwasser gewaschen und später gebürstet, wodurch eine orangefarbene Rinde entsteht, unter der sich ein weicher, zerlaufender, zart schmeckender Teig verbirgt. Etwas origineller aufgrund seiner sechskantigen Form ist der **Tommette des Corbières.** Er ist kleiner, und seine Rinde wird mit Vin de Grenache gewaschen. Das Resultat ist ein cremiger, zarter Teig mit einem feinen Geschmack und einem dezenten Schafsaroma.

Der malerische Landstrich Béarn am Fuß der Pyrenäen grenzt an das französische Baskenland.

Die Tipps des Käsemeisters

- Für Käse aus dem Baskenland empfehlen sich auch Weine von dort, wie der Irouleguy, Weine aus den Pyrenäen, wie der Jurançon, oder Weine aus dem Südwesten, etwa ein Madiran oder ein Pacherenc.
- Für die Käse aus Corbières eignen sich die leichten Rotweine aus Corbières oder trockene Weißweine, wie der Picpoul.
- Für den Tommette bietet sich ein Grenache aus dem Languedoc oder einer von der anderen Seite der Pyrenäen, aus Spanien, an.

Käse aus Kuh- und Ziegenmilch

Die Schafe sind ihnen zahlenmäßig überlegen, aber es gibt in den Pyrenäen auch Kühe, die allerdings die saftigen Täler den steilen Hangweiden vorziehen. Ihre Milch wird häufig mit Schafsmilch gemischt, und sowohl diese Mischkäse als auch reine Kuhmilchkäse sollen nicht unerwähnt bleiben. Die Produktionsstätten sind häufig in fantastische Landschaften eingebettet, so zum Beispiel das abgeschlossene Tal Barousse de l'Ourse, in dem der **Barousse** – ein Käse mit gepresstem, nicht gekochtem Teig – hergestellt wird. Der elastische Teig ist von feinen Löchern durchzogen und die Oberfläche von der Glut geglättet, nachdem er über kleiner Flamme abgetropft wurde. Während der Reifezeit von anderthalb Monaten wird er die ersten zwei Wochen täglich gewendet und entwickelt dabei eine dunkelbraune Rinde mit rosa Tupfen, die intensiv nach Heu oder den Wiesenkräutern des Frühlings duftet. Einem weiteren Käse, der aus einer abgeschiedenen Gegend – der Provinz Comté de Foix – kommt, eilt ein legendärer Ruf voraus, da seine Geschichte bis zur maurischen Besatzung im 14. Jahrhundert zurückreicht. Dieser berühmte **Bethmale** wird im Departement Ariège aus Rohmilch hergestellt, wobei der weiche Teig gepresst, aber nicht gekocht wird. Während der fünf- bis sechsmonatigen Reifezeit wird der Bethmale täglich gewaschen, gewendet und gebürstet, bis er eine natürliche orangefarbene Rinde bildet, in der der Teig einen leicht süßsauren Geschmack entwickelt und zugleich cremig und dicht bleibt. Einen ähnlichen leicht süßlichen Ge-

schmack findet man auch beim **Doux de Montagne,** der zwischen Ariège und Haute-Garonne produziert wird. Die Milch dazu liefert eine Rinderrasse, die eigentlich im benachbarten Gebirge zu Hause ist: Die Brunes des Alpes fühlen sich in den Pyrenäen nicht nur wohl, sondern liefern eine leicht nach Gebirgsblumen duftende Milch, die dem Käse, der seinen Namen *doux* (mild) wirklich verdient, eine rustikale Note verleiht. Das gilt auch für den **Moulis,** der nach der kleinen Ortschaft benannt ist, aus der er stammt. Er wird mal aus Schafs-, mal aus Ziegen- und mal aus Kuhmilch hergestellt, wobei er mit letzterer vielleicht am charakteristischsten ist. Nachdem er ein bis drei Monate gereift ist, besitzt er unter einer natürlichen, sehr trockenen Rinde mit kleinen braunen und schwarzen Schimmelflecken einen leicht gepressten, aber nicht gekochten Teig von hellgelber bis strohgelber Farbe mit geringer

Trotz der dicken Rinde hat der Bethmale einen sehr cremigen Teig.

Elastizität und mit einem würzig-pikanten Aroma, der wunderbar zu einem vollmundigen Rotwein passt.

Wo Kühe sind, da sind auch Ziegen, und so verdient auch der Käse aus Ziegenmilch durchaus Beachtung. Zum Beispiel der ausschließlich auf Bauernhöfen hergestellte **Anneau de Vic-Bilh,** der mit seinem Durchmesser von zehn Zentimetern auf den ersten Blick aussieht wie ein kleiner Tomme mit einem Loch in der Mitte, *anneau* (Ring). Seine natürliche Rinde ist mit einer Schicht bläulich schimmernder Holzkohle bedeckt. Nach einer Reifezeit von nur gut zehn Tagen ist sein Teig sehr weich und besitzt einen feinen Ziegengeschmack. Einen ähnlichen Geschmack findet man bei dem ebenfalls auf Bauernhöfen produzierten, drei Zentimeter hohen konischen **Bouton d'Oc,** dessen feiner Teig sich wunderbar zum Aperitif eignet. Ganz anders der quadratische **Fleury du Col des Marousses,** dessen Rinde und Konsistenz denen des Camembert ähneln und der mit zunehmendem Alter (die Mindestreifezeit beträgt 45 Tage) würziger wird. Ein Merkmal, das man auch beim **Rieumoise** wiederfindet, dessen Form an einen kleinen Pflasterstein erinnert und der nach einer Reifezeit von 30 bis 45 Tagen einen würzigen, edlen Ziegengeschmack entwickelt.

Der Tipp des Käsemeisters

Trinken Sie zu den Käsen Weine aus dem gleichen oder einem benachbarten Anbaugebiet, etwa einen Madiran zu einem Barousse, einen roten Côtes de Frontonnais zu einem Bethmale, einen Gamay de Gaillac zu einem Doux de Montagne oder zu einem Moulis. Ein trockener, weißer Pacherenc passt wunderbar zu einem Vic-Bilh, ein weißer Gaillac zu einem Bouton d'Oc oder ein Madiran zu einem Rieumoise. Zum Fleury des Marousses schmeckt auch ein etwas kräftigerer Bordeaux.

Der Favorit des Käsemeisters

Ein guter Mönch und reine Schafsmilch Abbaye de Belloc

Schaf • halbfester Schnittkäse • Herkunft: Baskenland • Durchmesser: 25 cm • Dicke: 11 cm • Gewicht: 5 kg • Herstellung: Molkerei (laitière) und Kloster • pasteurisierte Vollmilch

Unter all den köstlichen Schafskäsen des Baskenlandes gibt es einen, der mehr als alle anderen den Dienern Gottes des Benediktinerklosters vorbehalten ist, das nahe der Hafenstadt Urt bei Labastide-Clairence liegt. Im 19. Jahrhundert haben sich die Mönche dort auf dem ehemaligen Pachthof Bel-Locq niedergelassen, während nur knapp einen Kilometer entfernt ihre geistlichen Schwestern von der Ordensgemeinschaft der heiligen Scholastika residierten. Die Lage zwischen dem Atlantik und den Ausläufern der Pyrenäen bescherte dem Klosterleben durch das maritime Klima einen gewissen Aufschwung. Daher begannen die Mönche 1960 Käse herzustellen und dabei vom Wissen der Schäfer zu profitieren. Entstanden ist ein reiner Schafskäse, der wohl zu den Besten seiner Art gezählt werden darf. Die Milch dazu liefern die Manech-Schafe, die man gut an den rötlichen Köpfen erkennen kann. In den Sennereien der Umgebung wird daraus ein Schafskäse hergestellt, den die Mönche in ihren Kellern verfeinern und reifen lassen. Dank der Reifezeit von mindestens sechs Monaten bekommt der Käse einen feinen Schimmelrasen, unter dem sich ein dichter, elastischer Teig mit einem hohen Fettanteil und einem mildfruchtigen Geschmack mit Anklängen von Karamell verbirgt.

Nachdem Mediziner festgestellt haben, dass reiner Schafsmilchkäse leicht verdaulich ist, empfehlen Ärzte im ganzen Land, diesen Käse morgens zu essen, da er der Verdauung förderlich ist. Auf jeden Fall ist der Abbaye de Belloc ein Genuss und besitzt gleich einen zweifachen Segen: den der Medizin und den des Klosters (was die Feinschmecker schon vorab von jeglicher Sünde freispricht).

Die Tipps des Käsemeisters

- Der beste Begleiter dieses Käses ist mit Sicherheit ein Weißwein der Region, etwa ein Pacherenc de Vic-Bilh oder ein Jurançon.
- Der Abbaye de Belloc lässt sich hervorragend mit einer weiteren Spezialität des Baskenlandes kombinieren: einer Konfitüre aus Kirschen oder Heidelbeeren.

Linke Seite: Die schöne Edelschimmelrinde, der elastische, dichte Teig und vor allem das mildfruchtige Aroma mit Anklängen von Karamell machen den L'Abbaye de Belloc aus dem gleichnamigen Kloster zu einem absoluten Ausnahmekäse.

Die Manech-Schafe sind an ihren rötlichbraunen Köpfen leicht zu erkennen.

Nudelomelett mit Schafskäse

Für 4 Personen
300 g Hörnchennudeln
200 g reiner Schafskäse aus den Pyrenäen
einige Petersilienzweige, fein gehackt
2 Eier, verquirlt
einige Thymianzweige, Blättchen abgezupft
Salz und Pfeffer
Butter
Erdnussöl

Die Nudeln in sprudelnd kochendem Salzwasser garen und anschließend abtropfen lassen.
Den Käse über die Nudeln reiben und mit der Petersilie bestreuen. Anschließend die Nudeln mit den verquirlten Eiern und den Thymianblättchen mischen und mit Salz und frisch gemahlenem Pfeffer würzen.
Etwas Butter in einer Pfanne zerlassen, einen Schuss Erdnussöl zugeben und aus der Masse vier Nudelomeletts formen. Die Omeletts 5 Minuten von jeder Seite ausbacken.

Arme Ritter aus den Pyrenäen

Für 4 Personen
100 g reiner Schafskäse aus den Pyrenäen
2 Eier
250 ml Milch
4 große Scheiben Brot vom Vortag
Butter
Konfitüre aus schwarzen Süßkirschen

Den Käse in feine Scheiben schneiden.
Die Eier mit der Milch verquirlen und die Brotscheiben 1–2 Minuten darin einweichen.
Etwas Butter in einer Pfanne zerlassen und die vollgesogenen Brotscheiben darin von einer Seite 5 Minuten ausbacken, wenden und von der anderen Seite weitere 2 Minuten. Anschließend jede Brotscheibe mit zwei gehäuften Esslöffeln Kirschkonfitüre und ein paar Käsescheiben garnieren.

Kalbszunge mit Bethmale

Für 4 Personen
1 Kalbszunge
1 Speckschwarte
1 Zwiebel, fein gewürfelt
1 Möhre, klein gehackt
1 Bund Thymian
½ Lorbeerblatt
200 ml Weißwein aus Roussillon (vorzugsweise ein junger Wein)
Salz und Pfeffer
1 Bund Petersilie, fein gehackt
2 Knoblauchzehen, fein gehackt
100 g Butter
150 g Bethmale, in feine Scheiben geschnitten

Die Kalbszunge unter fließendem Wasser abbürsten und in einen Topf mit kaltem Wasser geben. Das Wasser aufkochen und die Zunge darin 10 Minuten sprudelnd kochen lassen. Anschließend die Zunge herausheben und abtropfen lassen.
Inzwischen einen Schmortopf von innen mit der Speckschwarte einreiben und die Schwarte anschließend mit der Speckseite nach unten in den Topf legen. Die Zwiebel, die Möhre, das Bund Thymian und das halbe Lorbeerblatt dazugeben und die Kalbszunge obenauf legen.
Den Weißwein angießen und mit Wasser auffüllen, bis die Zunge gerade bedeckt ist. Mit Salz und frisch gemahlenem Pfeffer würzen und zugedeckt bei schwacher Hitze 1 Stunde und 45 Minuten garen.
Die Petersilie und die Knoblauchzehen mit einer Gabel unter die Butter mischen.
Die fertig gegarte Zunge aus dem Topf nehmen, die Haut abziehen und das Fleisch in dicke Scheiben schneiden. Den Fond durch ein Sieb aus dem Schmortopf in eine Auflaufform gießen, die Zungenscheiben hineinlegen und jeweils mit einer Scheibe Käse bedecken. Auf jede Käsescheibe ein nussgroßes Stück Knoblauchbutter geben und im heißen Ofen 15 Minuten überbacken.

Mediterraner Salat mit Schafskäse

Für 4 Personen
120 g Quinoa
200 g grüne Bohnen
150 g eingelegte Artischocken
200 g Schafskäse aus den Pyrenäen
8 Stängel Schnittlauch, in Röllchen geschnitten
8 Zweige Kerbel, fein gehackt
3 EL Olivenöl
1 EL Balsamico-Essig
Salz und Pfeffer

Quinoa und Bohnen getrennt voneinander 15 Minuten in kochendem Salzwasser garen, abgießen und abkühlen lassen.
Die Artischocken und den Käse in kleine Stücke schneiden und mit dem Quinoa, den Bohnen und den Kräutern in eine Salatschüssel geben. In einer Schale das Öl und den Essig mit einer Prise Salz und frisch gemahlenem Pfeffer verrühren und als Dressing über den Salat geben. In der Salatschüssel oder in vier kleinen Schalen servieren.

Terrine mit drei Käsesorten

Für 6–8 Personen
200 g Brousse de Brebis
200 g Bleu d'Auvergne
200 g Tomme de Brebis des Pyrénées
50 g schwarzer Sesam
schwarzer Pfeffer
Olivenöl

Den Brousse de Brebis und den Bleu d'Auvergne in 1 cm dicke, den Tomme in feine Scheiben schneiden. Eine Terrinenform mit Klarsichtfolie auslegen und diese an der Seite so weit überhängen lassen, dass damit anschließend auch die Terrine abgedeckt werden kann. Eine Schicht Brousse hineinlegen, mit Sesam und frisch gemahlenem Pfeffer bestreuen und darauf je eine Schicht Tomme und Bleu geben. Den Vorgang einmal wiederholen und den Käse mit der überhängenden Folie abdecken. Ein Holzbrett und ein Gewicht auf die Terrine legen, um sie zu pressen, und die Form kalt stellen.
Sobald sich die Terrine gesetzt hat, diese auf einen Teller stürzen und mit Olivenöl beträufeltes, geröstetes Brot dazu reichen. Ein Sprossensalat oder Konfitüre aus schwarzen Süßkirschen schmeckt hervorragend dazu. Servieren Sie die Terrine mit einem baskischen Wein, beispielsweise einem Irouléguy.

Stielmus-Tarte mit Schafskäse

Für 4 Personen
125 g Mehl
Salz
100 g Butter
1 Ei
Saft einer Zitrone
1 Bund Stielmus
150 g Schafskäse aus den Pyrenäen
getrocknete weiße Bohnen zum Blindbacken
Béchamelsauce (aus 30 g Butter, 30 g Mehl und 400 ml Vollmilch)

Das Mehl in einer Schüssel mit einer Prise Salz vermischen und in der Mitte eine Mulde formen. 75 g gewürfelte Butter hineingeben und kurz unterkneten, danach das Ei und den Zitronensaft hinzufügen, alles zu einem Teig verkneten (bei Bedarf noch etwas Wasser zugeben) und diesen zu einer Kugel formen. Den Teig zugedeckt an einem kühlen Ort 2 Stunden ruhen lassen.
In dieser Zeit das Bund Stielmus putzen und die dünne Haut von den Stielen abziehen. Die Stiele waschen, in 3–4 cm große Stücke schneiden und in einen Topf mit leicht gesalzenem kaltem Wasser geben. Das Wasser aufkochen und das Gemüse 30 Minuten darin garen.
Den Käse reiben und eine Tarteform mit Butter ausstreichen. Den Teig ausrollen und die Form damit auskleiden. Die getrockneten Bohnen auf dem Teig verteilen und diesen 10 Minuten im auf 180 °C vorgeheizten Ofen blindbacken.
Die Bohnen entfernen und stattdessen eine dünne Schicht Sauce auf den Teig geben. Mit einer Schicht geriebenem Käse bedecken, das Gemüse darauf verteilen und eine weitere Schicht geriebenen Käse daraufgeben. Zum Abschluss mit einer Schicht Sauce und einer letzten Schicht geriebenem Käse bedecken.
Die Tarte im 200 °C heißen Ofen 10 Minuten backen.

Knusprige Brötchen mit Schafskäse und Schinken

Für 4 Personen
4 Körnerbrötchen
4 TL Chilikonfitüre (ersatzweise Konfitüre aus schwarzen Süßkirschen)
4 Scheiben Bayonner Schinken, in Stücke geschnitten
100 g Schafskäse aus den Pyrenäen, in feine Scheiben geschnitten

Die Brötchen halbieren und unter dem Grill rösten. Die heißen Brötchenhälften dünn mit der Konfitüre bestreichen und mit dem in Stücke geschnittenen Schinken und dem Käse belegen.
Ist Ihnen die Chilikonfitüre zu scharf oder bekommen Sie keine, können Sie auch Kirschkonfitüre wählen und diese mit ein wenig Chilipulver bestreuen.

Käsehäppchen mit karamellisierten Birnen

Für 4–6 Personen
2 feste Birnen
30 g Butter
1 TL flüssiger Honig
250 g Schafskäse aus den Pyrenäen
Frisch gemahlener schwarzer Pfeffer

Die Birnen schälen, vom Kerngehäuse befreien und der Länge nach in feine Scheiben schneiden. Die Butter in einer Pfanne zerlassen und die Birnenscheiben darin bei mittlerer bis starker Hitze in 2 Minuten bräunen. Den Honig zugeben und karamellisieren lassen, vom Herd nehmen.
Den Käse in Stäbchen schneiden, in die karamellisierten Birnenscheiben wickeln und jede Rolle mit einem Zahnstocher fixieren.
Die Käsehäppchen mit etwas frisch gemahlenem Pfeffer bestreut als Aperitif oder als Dessert genießen und beispielsweise einen Pomerol dazu reichen.

Zucchiniküchlein mit baskischem Käse

Für 2 Personen
6 kleine Zucchini
½ Zwiebel
60 g baskischer Schafskäse
4 EL Mehl
2 Eier
Pfeffer
Olivenöl

Die Zucchini reiben, in einem Sieb auspressen und so gut wie möglich abtropfen lassen. Die halbe Zwiebel und den Käse ebenfalls reiben. Die Zucchiniraspel, den Käse, die Zwiebel und das Mehl in einer großen Schüssel mischen, die Eier zugeben, mit frisch gemahlenem Pfeffer würzen, alles gut vermengen und aus der Masse Reibekuchen mit einem Durchmesser von etwa 10 cm formen.
Etwas Olivenöl erhitzen und die Küchlein darin von jeder Seite 5 Minuten braten, bis sie schön gebräunt sind. Heiß servieren.

Gebratene Polenta mit Schafskäse aus den Pyrenäen

Für 4 Personen
600 ml Milch
160 g Maisgrieß
Salz und Pfeffer
60 g Butter
120 g Schafskäse aus den Pyrenäen
Olivenöl

Die Milch in einem Topf aufkochen. Den Maisgrieß langsam einrühren, mit Salz und frisch gemahlenem Pfeffer abschmecken, 8–10 Minuten bei schwacher Hitze kochen und dabei regelmäßig mit einem Holzlöffel umrühren.
Anschließend den Topf vom Herd nehmen, 40 g Butter untermischen und die Masse etwas abkühlen lassen. 80 g klein gewürfelten Käse zugeben und die Polenta etwa 2 cm hoch auf ein mit Öl eingepinseltes Backblech geben und mit dem Löffelrücken glattstreichen. Die Polenta vollständig abkühlen lassen, stürzen, in Stücke schneiden und diese in der Pfanne in der restlichen Butter goldbraun braten. Vor dem Servieren den übrigen Käse in feine Scheiben schneiden und die Polentastücke damit garnieren.

Gebratene Polenta mit Schafskäse aus den Pyrenäen.

DIE CAUSSES

Trocken wie Felsgestein

Hier regieren Raum und Natur. Die Jahrhunderte haben ihren Fingerabdruck im Felsgestein und in den Schluchten, in den trockenen Ebenen und in den abgeschiedenen Tälern hinterlassen und der Wind bläst durch die Risse im Kalkgestein. Die Winter sind rau und die Menschen aus grobem Holz geschnitzt. Mitten aus dieser geheimnisvollen Tiefe gebiert die Erde den König der Blauschimmelkäse: den Roquefort.

HEIDELANDSCHAFTEN, GROTTEN, STEINGÄRTEN

Rechte Seite: Grasbewachsene Hochlandschaften, umgeben von wilden Bergen und Kalksteingärten, unter einem unendlich weiten Himmel: In den Causses regieren Raum und Natur.

Die Trockenheit des Vorgebirges der Cevennen nimmt zu, wenn man das Roussillon, das Languedoc und das Meer verlässt – ein idealer Übergang, um zu den Causses aufzusteigen. Bis hierher reichen die Ausläufer der mediterranen Heidelandschaften, und über große grasbewachsene Hochlandschaften bläst der Wind. Auf dem Untergrund aus Kalkgestein erreicht man die Hochebenen, die sich von Rouergue en Quercy als Steingärten aneinanderreihen und nach Felsgestein klingende Namen wie Causse de Séverac und Causse de Larzac tragen oder nach ihrer Farbe Causse Noir benannt worden sind bzw. nach den geografischen oder historischen Besonderheiten ihrer Heimat: Sauveterre, Comtal, Gramat, Limagne ... In diesen trockenen, von Schluchten und tiefen Tälern durchzogenen Gebirgslandschaften, in denen nach einer von Karl VI. unterzeichneten Charta »weder Weinstöcke noch Weizen« angebaut werden dürfen, um den Roquefort zu schützen, fühlen sich die Schafe wohl. Sie sind die Herrscher der Hochebenen, und so haben sich die lokalen Rassen – Larzac, Casarès, Rodez – im Lauf der letzten Jahrhunderte tüchtig vermehrt, um schließlich zu einer einzigen Rasse – den Lacaune-Schafen – zu verschmelzen, die sich hervorragend an das raue Klima mit den großen Temperaturschwankungen angepasst hat und zudem die einzige Schafrasse ist, deren Milch für den König der Käse – den Roquefort – verwendet werden darf.

Larzac, Casarès, Rodez, Lacaune – die besten Schafrassen geben ihre Milch für die berühmtesten Schafskäse.

Und daher ist die so karg erscheinende Landschaft zu einem gewissen Reichtum gelangt. Fauna und Flora eifern um die Wette, und ein Blick auf die kulinarischen Spezialitäten verrät, dass es sich dort recht gut leben lässt: getrüffelte Stopfleber, goldglänzende Pasteten, Blutwurst mit Maronen, Wild in allen Variationen, Steinpilze und Morcheln, Forellen und Flusskrebse. Auf den Speisekarten finden sich Kutteln, Fladenbrote, Kohlsuppe, Baumkuchen und *aligot* – die Spezialität in Aubrac –, ein dicker Kartoffelbrei mit Knoblauch und Tomme. Zu allen Zeiten zogen Menschen dort vorbei: Pilger auf dem Weg nach Compostella, Maultierkarawanen kamen mit Wein, Obst und Salz beladen von Süden herauf und kehrten mit Käse zurück.
Wer die Causses erwandert und die Schluchten von Tarn oder Dourbie auf der Hochebene von Larzac besucht, erlebt ein sehr authentisches Frankreich. Und wer dazu noch einen mit blauen Adern durchzogenen Roquefort oder einen cremigen Rocamadour probiert, muss sich wohl eingestehen, dass die Natur hier einen ihrer Lieblingsflecken hat.

Roquefort – nomen est omen

Schaf • halbfester Schnittkäse mit Blauschimmel • **Herkunft:** Rouergue • **Durchmesser:** 19–20 cm • **Dicke:** 8,5–10,5 cm • **Gewicht:** 2,5–2,9 kg • **Herstellung:** artisanal oder Molkerei (laitière) • **Rohe Vollmilch**

Falls man den Roquefort tatsächlich als scharf (*fort*) wie einen Fels (*roc*) bezeichnen kann, so verdankt er dies seinem Ursprungsgebiet, einem uralten Wissen und einer Art natürlichem Wunder, das über die Schafsmilch, aus der er gemacht wird, und den Reifeprozess einen gewissen Zauber legt. Und das seit etlichen Jahrhunderten, mindestens aber seit dem Bergsturz im Combalou-Massiv, durch den sich in der Nähe von Roquefort-sur-Soulzon vor etwa 200 Millionen Jahren ein natürliches Kalksteinplateau gebildet hat: Die Fläche ist gar nicht sehr groß, nur etwa zwei Kilometer lang und nicht mehr als 300 Meter breit.
Dank heftiger Erdstöße sind dort Risse – sogenannte *fleurines* – und Verwerfungen im Kalkgestein entstanden und haben Grotten mit natürlicher Luftzirkulation geschaffen, die die Menschen zu Kellern umfunktioniert haben, die zweimal so groß sind wie das ganze Dorf. Und in diesen Kellern reift der berühmte Käse, der im 11. Jahrhundert zum ersten Mal schriftlich in den Registerbüchern des Klosters von Conques erwähnt wurde, da die Mönche aus jedem Keller des Dorfs einen Roquefort als Spende erhalten hatten. 1411 erteilte Karl VI. in einer Charta den Bewohnern von Roquefort das Monopol für die Herstellung dieses so einmaligen Käses, und das Parlament von Toulouse ergänzte schon bald dieses Privileg, indem es die Produkte des Dorfes vor Nachahmern

schützte und den Dorfbewohnern das Recht einräumte, die Höhlen zu verteidigen. 1925 schließlich erhält der Roquefort als erster Käse das AOC-Siegel und ist seitdem herkunftsgeschützt.
Eifersüchtig wacht man in Roquefort darüber, dass die besonderen Eigenschaften des Käses geschützt werden. So darf zu seiner Herstellung ausschließlich rohe Vollmilch von Lacaune-Schafen verwendet werden, die ein Gebiet beweiden, das sich über das gesamte Departement Aveyron sowie über die angrenzenden Departements Lozère, Tarn, Tarn-et-Garonne, Gard, Hérault und Aude erstreckt, sogar Korsika wurde mit einbezogen. Reifen darf der Käse jedoch ausschließlich in den natürlichen Höhlen des Combalou bei Roquefort-sur-Soulzon. Die Keller sind mindestens 300 Jahre alt. An ihren feuchten Innenwänden hat sich eine wertvolle mikroskopische Flora gebildet, damit das *penicillium roqueforti* eine gute Verbindung mit den Hefekulturen und den winzigen Mehlmilben, die sie übertragen, eingehen kann, und sogar mit den Spinnen, die die Population der kleinen Milben regulieren. Es geht dort wie in einem mikroskopisch kleinen Urwald zu, wie in der Höhle eines natürlichen Alchimisten, der für das Gleichgewicht der Elemente und für die geheimnisvolle Verwandlung der geronnenen Milch in einen Käse sorgt, der von blauen Äderchen durchzogen ist. Ein Käse, der Teil eines kleinen Dorfes ist, aber in der ganzen Welt gegessen wird.
Die Herstellung des Roquefort erfolgt nach einer jahrhundertealten Tradition, die auch durch die zunehmende Mechanisierung nicht verändert wurde, sondern die dadurch lediglich gleichbleibende Qualität hervorbringt. Im Schafstall werden die Tiere noch immer unter Stechpalmenzweigen zusammengetrieben, die die Herde vor Krankheiten schützen sollen. Die abends gemolkene Milch wird auf 10 °C gekühlt und mit der

Der Roquefort darf ausschließlich auf Eichenholzetageren in den Kellern von Roquefort gereift werden, die man dort in den natürlich belüfteten Grotten eingerichtet hat.

Milch vom nächsten Morgen gemischt. Wenn diese Milch gegen Mittag die Käserei im Milchwagen erreicht, wird zunächst eine Probe analysiert, bevor die Genehmigung zum Abpumpen erfolgt. Die Milch wird in einem Bottich mit Lab und Penicillium dickgelegt, gekämmt und auf 33 °C erhitzt – die ideale Temperatur für die Dickete. Diese wird gebrochen, eine weitere Stunde gekämmt, um die kleinen Bruchstücke gut voneinander zu trennen, bevor sie in perforierte Formen gefüllt wird, damit sich die Molke absetzt. Erst dann wird der Teig in die endgültigen Formen gefüllt, in denen er 48 Stunden lang bei einer Raumtemperatur von 18 °C weiter abtropfen kann. In dieser Zeit wird er fünfmal gewendet. Anschließend werden die Laibe bei nur 10 °C aus der Form geholt, befeuchtet, auf der Unterseite und vorne gesalzen und auf ein mit Salz bedecktes Holzbrett gelegt. Zwei Tage später salzt man die verbleibenden beiden Seiten. Nach weiteren drei Tagen kommen die Käselaibe zum Ausreifen in die Höhlen von Roquefort.

Die Kunst des Veredelns

In den Höhlen werden die Käselaibe mehrfach pikiert, damit Kohlendioxid entweichen und stattdessen die feuchte Höhlenluft eindringen und das Pilzwachstum fördern kann. Im großen Keller der Käserei Carles beispielsweise wacht Delphine mit ihrem Vater Jacques über den Schatz, der in drei großen Eichenholzregalen mit je drei Etagen, die Grund, Boden und Tisch genannt werden, gelagert wird. Die Käselaibe berühren sich dabei nicht, damit der geheimnisvolle Vorgang stattfinden kann, bei dem das Penicillium den Käsebruch in einen cremigen, von blauen Äderchen durchzogenen Teig verwandelt. Bei Carles wird das *penicillium roqueforti* auf großen, aus Weizen und Roggen gebackenen Brotlaiben selbst gezüchtet. Die Brote werden so lange gelagert, bis sie von innen her verschimmeln. Dann werden sie pulverisiert und unter die Dickete gemischt. Die Kunst des Veredlers besteht darin, mittels Auge, Nase, Berührung und auch Gehör (wenn der Käse quietscht, ist er noch

nicht ausgereift), aber vor allem mit der Zunge die Reifung zu überwachen. Er passt den richtigen Zeitpunkt ab, um den Reifungsprozess zu verlangsamen. Dafür werden die Käselaibe in Stanniol gewickelt und in dunklere, kühlere Teile der Höhlen verbracht, wo sie mindestens drei Monate nachreifen. Ausgereift sind die Käse nach sechs bis zehn Monaten. In einem Expansionsraum wird der Käse bei 12 °C für den Verkauf vorbereitet, indem er in Aluminiumfolie eingeschlagen wird, die als Erkennungsmerkmal für seine Einzigartigkeit mit einem roten Schaf in ovalem Rahmen gekennzeichnet ist.

Die Tipps des Käsemeisters

• Welcher Wein passt zu einem Roquefort? Natürlich empfehlen sich die Rotweine des Cahors, doch auch andere Kombinationen sind durchaus denkbar. Zum Aperitif bieten sich ein Sauternes oder ein Monbazillac an. Reicht man den Käse auf geröstetem Bauernbrot, passt auch ein Banyuls-Rimage oder ein Rasteau aus Grenache-Trauben. Andere Rotweine, wie ein Bordeaux oder ein Côtes-du-Rhône, etwa ein Châteauneuf-du-Pape, sind ideal, wenn der Käse auf einer Platte gereicht wird. Nicht zu vergessen sind sämtliche Spätlesen, deren hoher Zuckergehalt wunderbar zum König des Käses passt.

• Sämtliche Roquefort-Käse schmecken hervorragend (oder zumindest beinah alle). Aber jeder weicht in seinem Aroma etwas ab und daher sind einige besser als andere.

• Die spezielle Beschaffenheit, die ihn von anderen Edelschimmelkäsen unterscheidet, verträgt keine abrupten Temperaturschwankungen: Man sollte daher die Temperatur des Roqueforts mindestens eine Stunde vor dem Essen der Zimmertemperatur anpassen.

Zum Schneiden des Roqueforts genügt ein einfacher Draht …

Linke Seite: Der noch weiße Käse wird vor dem Reifen in Stanniol gewickelt, um das Wachstum des Penicilliums ein wenig zu verlangsamen und so besser zu kontrollieren.

Das Departement Aveyron mit seiner charakteristischen Felslandschaft. Hier der von den Templern errichtete Ort La Couvertoirade auf der Hochebene Causse du Larzac. Ein Paradies für Käseliebhaber.

Aveyron und Umgebung

Zwischen Rouergue und Quercy wirkt Aveyron wie die Krönung der Käseberge, aus denen die Causses bestehen. Nicht nur, weil Roquefort genau in seinem Herzen liegt, sondern auch, weil drei andere wichtige Käsesorten, die ebenfalls das AOC-Siegel bekommen haben, aus der direkten Umgebung stammen. Zunächst der Bleu des Causses, der den Departements Lozère und Lot entstammt, der Laguiole, der in Cantal und Lozère beheimatet ist, und der Rocamadour aus den Departements Lot und Dordogne. Für Käseliebhaber ist Aveyron in den Midi-Pyrénées also ein wahres Paradies, denn neben den dominierenden Schafskäsen gibt es dort auch wunderbare Käse aus Kuh- und Ziegenmilch zu entdecken.

Bleu des Causses

Kuh • halbfester Schnittkäse mit Blauschimmel • Herkunft: Rouergue • Durchmesser: 20 cm • Dicke: 8–10 cm • Gewicht: 2,3–3 kg • Herstellung: artisanal und Molkerei (laitière) • Rohmilch

Trotz Ähnlichkeit mit dem Roquefort bewahrte sich der bis 1928 aus einer Mischung von Schafs- und Kuhmilch und mittlerweile ausschließlich aus Kuhmilch bestehende Käse die Eigenheiten seiner Heimat mit einem rauen Klima, großen Temperaturschwankungen und den vielen Wildkräutern, die sein mehr oder weniger pikantes Aroma mitbestimmen.

Genau wie der Roquefort reift auch der Bleu des Causses in natürlichen Felsenhöhlen oder in ins Kalkgestein gehauenen Kellern. Und auch für ihn ist der Ort für die Reifung genau festgelegt und darf nur in Saint-Affrique, Peyreleau, Cornus, Campagnac und Millau – mit anderen Worten in Aveyron – stattfinden. Denn an diesen Orten, etwa in der Grotte von Tarn, gibt es ebenfalls *fleurines*, jene Felsspalten, durch die Luft eindringen kann und die ein thermisches Gleichgewicht garantieren und dadurch den geheimnisvollen Vorgang der Schimmelbildung im Innern des Käses bewirken. In diesen Spalten reift der nach alter Tradition der Schäfer und Senner hergestellte Käse drei bis sechs Monate. Der bei einer heute exakt kontrollierten Temperatur von 33 °C dickgelegte Teig wird in kleine Stücke zerteilt, gekämmt, abgetropft und in perforierte Formen geschöpft, aus denen die Molke ablaufen kann. In diesen Formen wird er drei bis vier Tage regelmäßig gewendet, mit Penicillium geimpft, gesalzen und dann zum Reifen in die Keller gebracht. Wenn er diese

nach frühestens drei Monaten wieder verlässt, ist sein Teig im Sommer von leuchtend blauen Äderchen durchzogen, während er im Winter etwas blasser und weniger feucht ist. Stets hat er jedoch die gleiche cremige Konsistenz, die auf der Zunge etwas sahniger wirkt als die des Roquefort und die von einem ganz dezenten Schimmelgeruch begleitet wird.

Die Tipps des Käsemeisters

• Der Bleu des Causses wurde von besorgten Käseherstellern aus Roquefort kreiert. Um ihren eigenen Käse mit dem AOC-Siegel zu schützen, wurden dem Roquefort zu ähnliche Käsesorten eliminiert, vor allem solche, für die eine Mischung von Schafs- und Kuhmilch verwendet wurde. So wurde der Bleu de l'Aveyron geschaffen und später in Bleu des Causses umbenannt, für den ausschließlich Kuhmilch verwendet wird. Da es also ein noch verhältnismäßig junger Käse ist, sind ihm nur wenige traditionelle Rezepte gewidmet. Dennoch verdient er seinen Platz in der Küche, wo er etwa Omeletts und Crêpes ein wunderbar pikantes Aroma verleiht. Ebenso passt der Käse hervorragend zu gegrilltem Fleisch.

• Wie beim Roquefort empfiehlt sich auch hier ein roter Cahors als Wein, aber auch ein Côtes-du-Rhône, ein Cornas oder ein Saint-Joseph sind geeignet.

Auch der Bleu des Causses ist von blauen Adern durchzogen, die denen des Roquefort in nichts nachstehen.

Der strohgelbe Teig des Laguiole verströmt einen blumigen Duft und zergeht auf der Zunge.

Laguiole

Kuh • Schnittkäse • Herkunft: Aubrac • Durchmesser: 40 cm • Dicke: 40 cm • Gewicht: 45–48 kg • Herstellung: Molkerei (laitière) • Roh- und Vollmilch

Auch der Laguiole, der an dem auf seiner Rinde eingeprägten Stier leicht zu erkennen ist, wird aus Kuhmilch hergestellt. Wie die berühmten Messer aus dem gleichen Dorf auf der Hochebene von Aubrac in Aveyron wird auch der Käse »Lajolle« ausgesprochen. Und auch seine Geschichte geht weit zurück, denn schon der Römer Plinius berichtete über Käse, der auf der Basalthochebene von Aubrac hergestellt wurden. Er entstand in den Sennhütten, die ursprünglich nur einfache Schutzkonstruktionen aus Ästen und Erdschollen waren und den Sennern als Sommerunterkunft dienten, wenn sie dort ihre Kuhherden weiden ließen. Auch die Kühe trugen den Namen ihrer Heimat: Aubrac. Doch nach und nach wurden diese Schutzhütten aufgegeben und andere Rinderrassen mit höherer Milchleistung eingeführt. Da die Milch dieser Kühe jedoch eine schlechtere Qualität besaß, kehrte man vor

einigen Jahren wieder zur traditionellen Käseherstellung zurück, und so darf heute ausschließlich Milch von Aubrac-Kühen, die eine ähnlich gute Qualität wie die der Simmentaler-Kühe hat, für den Laguiole verwendet werden. Und immer noch grasen diese Kühe auf den Hochebenen mit ihrer einzigartigen Flora, wo unter anderem gelber Enzian, Ginster, Zistrosen und dreifarbige Veilchen wachsen.

Auch wenn die Käseherstellung heute überwiegend in Molkereien erfolgt, so gibt es immer noch einige Sennhütten, in denen der Käse seit Jahrhunderten auf die gleiche Weise entsteht. Genau genommen seit dem 12. Jahrhundert, als die Mönche der Klöster Aubrac und Bonneval begannen, aus dem Milchertrag des Sommers ein haltbares Produkt zu fertigen, um das ganze Jahr über die Pilger, die auf ihrem Weg nach Compostella bei ihnen vorbeikamen, verpflegen zu können. Der aus Rohmilch hergestellte geformte Käsebruch reift unter einer Presse, bevor er ein zweites Mal zerkleinert wird. Danach wird der Teig gesalzen und in mit speziellen Tüchern ausgelegte Formen gefüllt. Nach erneutem Pressen reift der Käse vier bis neun Monate in höchstens 8 °C warmen Kellern. Das Ergebnis ist ein hübscher, zylindrischer Laib, der genauso hoch wie dick ist und dessen Rinde je nach Alter von Orangetönen bis ins Bräunliche variiert. Der strohgelbe Teig ist geschmeidig und fest, verströmt einen leicht säuerlichen Geruch und besitzt dank der Bergkräuter einen sehr aromatischen und einzigartigen Geschmack.

Die Tipps des Käsemeisters

- Für das berühmte französische Gericht *aligot* (siehe Seite 78) benötigt man den Laguiole – allerdings den noch nicht gereiften Tomme de Laguiole. Das Wort *aligot* leitet sich vom lateinischen *aliquid* ab, was so viel wie »irgendetwas« bedeutet, weil die Pilger genau das zu essen verlangten, wenn sie beim Kloster ankamen.
- Der Laguiole entfaltet sein ganzes Aroma am besten mit einem fruchtigen Rotwein, etwa mit einem Costières de Nîmes oder einem Marcillac.
- Die beste Zeit, einen Laguiole zu genießen, ist von Januar bis April, wenn die Sommerkäse voll ausgereift sind. Der Käse hält sich gut, sollte jedoch lediglich kühl – nicht im Kühlschrank – gelagert werden.

Ein kleiner cremiger Rocamadour mit feiner natürlicher Edelschimmelrinde.

Rocamadour

Ziege • Weichkäse • Herkunft: Quercy • Durchmesser: 6–7 cm • Dicke: 1,6–1,8 cm • Gewicht: 30–35 g • Herstellung: Bauernhof (fermière) oder artisanal • Rohe Vollmilch

Nahe Aveyron findet man ein Stückchen weiter westlich Richtung Lot mit dem Rocamadour einen Käse, in dem die ganze stolze Tradition der Ziegenkäse mitschwingt. Auch er hat eine lange Geschichte und wurde unter seinem ursprünglichen provenzalischen Namen Cabécou als Zahlungsmittel für Steuern und Pacht verwendet, wie aus einem Schriftstück des 15. Jahrhunderts hervorgeht. Auf jeden Fall ist er der älteste Käse in Quercy, auch wenn er erst 1996 das AOC-Siegel erhalten hat.

Für den Rocamadour darf ausschließlich Ziegenmilch der Rassen Alpine und Saanen verwendet werden. Die abends gemolkene Milch wird direkt mithilfe von natürlichem Lab zum Gerinnen gebracht und gekühlt, bevor sie anderntags mit der Morgenmilch gemischt und dickgelegt wird. Bereits nach 20 Stunden hat sich der Käsebruch gebildet, der nicht gekämmt wird, sondern lediglich abtropfen muss, damit sich die Molke absetzt. Der Teig wird von Hand geknetet und leicht gesalzen, bevor er in kleinen runden Formen in Kellern bei einer konstanten Temperatur von 10 °C und genau festgelegter Luftfeuchtigkeit etwa sechs Tage reift. In dieser Zeit bildet sich seine feine, natürliche Rinde mit leichtem Edelschimmelflaum, und sein volles Aroma kommt zur Entfaltung. Nach einer Reifezeit von sechs Tagen schmeckt der Rocamadour wunderbar cremig, lässt man ihn noch ein paar Tage länger ruhen, wird er etwas trockener, dennoch behält der zunächst weiße und mit zunehmendem Alter elfenbeinfarbene Teig seinen cremigen Charakter und seinen dezenten Geruch nach Sahne, Butter und Ziege.

Die Tipps des Käsemeisters

• Zu einem Käse aus Quercy gehört auch ein Wein aus Quercy, etwa ein nach der Stadt Cahors benannter Rotwein.
• Da es sich um einen recht jungen Käse handelt, hält er sich auch für kurze Zeit im Gemüsefach des Kühlschranks.

Andere Käsesorten

Kehrt man auf die Straße zurück, die einst als Maultierpfad zwischen Mittelmeer und den Causses diente, und durchstreift die Landschaften, entdeckt man schnell eine Reihe kleiner Käsesorten, die zwar im Gegensatz zu ihren vier berühmten Vettern nicht durch das AOC-Siegel herkunftsgeschützt sind, aber dennoch eine Unterbrechung der Reise lohnen. So die beiden Ziegenkäse aus dem Lauragais, deren Form und Geschmack bezeugen, dass sie aus einem Land mit Charakter stammen: Der **Cabardès,** der nach Felsheide duftet und als kleiner Tomme sieben bis acht Zentimeter hoch ist, einen sechs Zentimeter großen Durchmesser und eine konische Form hat. Unter einem dünnen Ascheüberzug mit bläulich weißen Schimmelflecken verbirgt sich ein weicher Teig mit feinem Ziegenaroma, das mit zunehmendem Alter des Käses intensiver wird. Der **Cathare,** dessen Name schon seine Herkunft verrät, ist ein etwas größerer Tomme von etwa 15 Zentimeter Durchmesser. In den weißen Flaum des nur ein bis zwei Zentimeter dicken Käses ist ein provenzalisches Kreuz geritzt. Der Teig eines jungen Cathare erweist sich beim Anschneiden als sehr zart, weich und milchig, mit zunehmendem Alter wird er fester und bekommt ein intensives Ziegenaroma.

Verlässt man die Ebene entlang der Cevennen, um bis nach Rouergue zu reisen, findet man unterwegs einen Käse aus Kuhmilch der seinen geografischen Namen wirklich verdient, denn **Pas de l'Escalette** heißt übersetzt »Leitertritt«. Er wird gelegentlich auch zur Hälfte aus Kuh- und Ziegenmilch hergestellt. Immer jedoch verbirgt sich unter seiner natürlichen, leicht gewaschenen Rinde ein weicher, cremiger Teig, der auf der Zunge zergeht und ein wenig nach Heide duftet.

Wendet man sich von dort Richtung Westen bis nach Agenais und Quercy, trifft man auf den berühmten **Cabécou,** dessen Ähnlichkeit mit dem Rocamadour kein Zufall ist. In Aveyron gibt es den Cabécou des Mineurs (»der Bergarbeiter«), der aus Kuhmilch hergestellt und in Walnuss- oder in Kastanienblätter eingewickelt wird, bevor man ihn in Wein einlegt. Dadurch entsteht am Ende ein

Ob Cabécou des Mineurs, Cabécou du Fel, Cabécous d'Entraygues, de Livernon, de Limogne oder de Gramat: Den berühmten Käse gibt es in zahlreichen Varianten.

pikanter Teig mit einem eigenwilligen Duft und Aroma. Weniger nach Ziege duftend, aber dennoch pikant ist der Cabécou du Fel aus dem gleichnamigen Dorf im Quercy. Nicht nur seine Form ähnelt der des Rocamadour; er wird auch aus Ziegenmilch hergestellt, allerdings wird er während des Fermentierens erhitzt. Nach einer Reifezeit von zwölf Tagen ist er von einer blauen Edelschimmelschicht überzogen. Den Cabécou gibt es in zahlreichen Varianten, etwa den Cabécou aus Entraygues, aus Livernon, aus Limogne oder aus Gramat. Letzterer wird während des Abtropfens leicht gepresst und hat ein ausgeprägtes Ziegenaroma. Die Tradition hat jedem Käse seinen Charakter geschenkt. So auch dem in Agenais produzierten **Chevrion,** der an seiner tetraedischen Form und an dem Edelschimmelflaum, den er während des langsamen Reifeprozesses entwickelt, gut zu erkennen ist. Auch er besitzt ein dezentes Ziegenaroma. Oder der **Gayrie,** der aus Schafsmilch in Rouergue produziert wird. Die Schafe, die die Hochebene der Causses beweiden, schenken diesem Käse ein feines Schafaroma, das man auch bei sehr lange gereiften Käsen erhalten kann, indem man die Rinde abschneidet. Auf jeden Fall gibt es eine Ähnlichkeit zu einem anderen Schafskäse aus Rouergue – dem Pérail.

Die Tipps des Käsemeisters

• Zu den Ziegenkäsen du Lauragais empfiehlt sich ein trockener Weißwein: Malvoisie, Tarn oder Gaillac.

• Der Cabécou verdient einen fruchtigen Rotwein aus der Region, etwa einen Cahors, einen Bergerac, einen Gaillac oder einen Fel. Zum Chevrion passt ein gut gekühlter roter Duras, zum Gayrie hingegen ein Marcillac.

Der Favorit des Käsemeisters

Pérail – mit dem Duft der Causses-Ebenen

Schaf • Weichkäse • Herkunft: Rouergue **• Durchmesser:** 8–10 cm **• Dicke:** 1,5–2 cm **• Gewicht:** 80–120 g **• Herstellung:** Bauernhof (fermière) **• Rohe Vollmilch**

Wenn die Roquefort-Molkereien zu Beginn und am Ende der Laktationszeit noch nicht geöffnet haben, wird der Pérail aus der Milch von Schafen hergestellt, die auf über 800 Meter Höhe auf den Hochalmen der Causses die besten Kräuter abweiden, während sie dem rauen Wind standhalten und sich von der Sonne wärmen lassen. Und selbst im Winter, wenn Schnee und Kälteeinbrüche die Tiere zum Verbleib in den Ställen zwingen, dient ausschließlich das Heu dieser Bergweiden als Futter.

Auf den Almbauernhöfen und in den kleinen Sennereien, wo der Käse noch per Hand hergestellt wird, wie zum Beispiel auf dem Hof Vieux Berger, auf dem Yves und Vincent Combes in der dritten Generation eine kleine Käserei als Familienbetrieb führen, werden die seit jeher überlieferten Traditionen beibehalten. Aus der von den Lacaune-Schafen gewonnenen Rohmilch lässt sich mit Hilfe von Schafslab eine milde Dickete herstellen, die man abtropfen lässt, ohne sie zu pressen. Mit der Kelle wird der Käsebruch in die Formen gefüllt, von Hand gesalzen, um anschließend sieben bis acht Tage zu reifen. Das Ergebnis ist ein kleiner Tomme, auf dessen weißlicher Oberfläche sich ein feiner Edelschimmelflaum gebildet hat, der ein-

zelne Blauschimmelflecken aufweisen kann. Der Teig darunter ist besonders zart, weich und elastisch und verströmt ein dezentes und keinesfalls aggressives Aroma nach Schaf.

Da die Käseherstellung nach strengen Normen erfolgen muss, hat der Pérail gute Aussichten, mit dem AOC-Siegel ausgezeichnet zu werden. Jeder, der diesen besonderen Käse einmal probiert hat, wird dafür stimmen, dass er die Kennzeichnung auf jeden Fall bekommt.

Die Tipps des Käsemeisters

- Der Pérail hält sich in Alufolie verpackt gut im Kühlschrank, sollte aber zwei Stunden vor dem Verzehr entnommen werden.
- Will man seinen cremigen Charakter besonders gut zur Geltung bringen, verwahrt man ihn einen oder zwei Tage bei Raumtemperatur unter einer Käseglocke.
- Als Wein eignet sich am besten ein Saint-Chinian.
- Ein besonderer Genuss ist dieser Käse auch mit Feigen- oder Kirschkonfitüre oder mit etwas Quittenmus.

Eine samtige Oberfläche mit Edelschimmelflaum umhüllt den zarten, weißen Teig. Schon der Anblick des Pérail ist eine Versuchung.

Aligot

Für 4–6 Personen
1 kg mehlig kochende Kartoffeln (beispielsweise Bintje)
500 g junger Tomme de Laguiole
3 EL Crème fraîche
100 g Butter
Salz
1 Knoblauchzehe, zerdrückt

Achtung: Für ein Aligot sollte man stets einen frischen Laguiole wählen und keinen gereiften.
Die Kartoffeln in der Schale kochen und in der Zwischenzeit den Käse zerbröseln. Die Kartoffeln pellen, zu Püree zerstampfen, mit der Crème fraîche, der Butter und etwas Salz mischen und in einem Topf mit schwerem Boden bei niedriger Temperatur unter ständigem Rühren mit einem Holzspachtel erhitzen.
Das heiße Püree vom Herd nehmen, den Knoblauch und nach und nach den Käse zugeben und dabei mit dem Holzspachtel rühren, bis eine homogene Masse entsteht.
Unter ständigem Rühren erneut 13–15 Minuten erhitzen. Heiß mit einem Salat servieren.
Aligot passt auch gut als Beilage zu Bratwurst, Eisbein oder Schweinebraten. Als Wein eignet sich dazu wunderbar ein Reuilly, ein Quincy, ein Menetou-Salon oder ein Pouilly Fumé.

Roquefort-Frischkäsecreme

Für 4 Personen
200 g Roquefort
2 EL Schmand oder Crème double
60 g Frischkäse
Rosinen
Pfeffer

Mit einer Gabel den Roquefort zerdrücken. Den Schmand oder die Crème double, den Frischkäse und ein paar Rosinen untermischen und die Masse mit etwas frisch gemahlenem Pfeffer würzen. Die Creme in eine kleine Form füllen und kalt stellen.
Die gut gekühlte, feste Creme auf Schwarzbrot streichen und je nach Geschmack einen süßen Sauternes oder einen kräftigen Côtes-du-Rhône dazu reichen.

Mit Roquefort gefüllte Eier

Für 4 Personen
8 Eier
60 g Roquefort
1 EL scharfer Senf
3 EL Crème fraîche
1 Prise Paprikapulver
Salz und Pfeffer
einige Salatblätter zum Servieren
schwarze Oliven ohne Stein zum Servieren

Die Eier in 8–10 Minuten hart kochen. Dann abschrecken, schälen und unten vom breiten Ende etwas Eiweiß wegschneiden, damit das Ei aufrecht stehen kann. Das Eiweiß am spitzen Ende so weit entfernen, dass man das Eigelb entnehmen kann. Das abgeschnittene Eiweiß fein würfeln. Die Eigelbe mit einer Gabel zerdrücken und mit dem Roquefort, dem gewürfelten Eiweiß, dem Senf und der Crème fraîche mischen. Mit etwas Paprikapulver sowie etwas Salz und frisch gemahlenem Pfeffer würzen.
Die Eier mit der Masse füllen, auf Salatblätter setzen und mit je einer entsteinten Olive garnieren.

Käsegebäck mit Pérail

Ergibt etwa 300 g
200 g Pérail
75 g Mehl
15 g Crème fraîche
2 TL Samen (beispielsweise Kümmel oder Sesam)
¼ Päckchen Trockenhefe
1 nussgroßes Stück Butter
20 ml Wasser

Alle Zutaten zu einem Teig verkneten und diesen 30 Minuten ruhen lassen. Den Teig ausrollen, auf ein Backblech legen und 30 Minuten im 200 °C heißen Ofen backen.
Den goldbraunen Teig in gleich große Rauten zerschneiden und mit einem Schluck Pinot Blanc aus dem Elsass genießen.

Blätterteigpasteten mit Roquefort

Für 4 Personen
1 Packung Blätterteig
100 ml Portwein
200 g Roquefort
500 ml Geflügelbrühe
200 g Crème fraîche
20 g Butter (nach Belieben)
20 g Mehl (nach Belieben)
Salz und Pfeffer
gemischte Kräuter, fein gehackt

Den Blätterteig ausrollen und in 16 cm breite Streifen schneiden. Diese wiederum in gleich große Quadrate teilen. Die Quadrate übereinanderstapeln, dabei zwischen jede Lage Frischhaltefolie legen und über Nacht tiefkühlen.
Am nächsten Tag den Portwein auf zwei Drittel einkochen, den Roquefort hineinkrümeln (etwas zum Garnieren zurückbehalten) und unterrühren, bis er sich im Portwein aufgelöst hat. Die Geflügelbrühe zugießen und 5 Minuten einkochen lassen. Die Crème fraîche untermischen und die Sauce sparsam mit Salz und frisch gemahlenem Pfeffer würzen (da der Käse schon sehr würzig ist).
Falls die Sauce zu flüssig ist, die Butter mit dem Mehl verkneten, zugeben, die Sauce mit dem Schneebesen kräftig aufschlagen und erneut aufkochen lassen.
Die Blätterteigquadrate aus der Tiefkühltruhe nehmen, auf einem Blech auslegen und sofort im 180 °C heißen Ofen 25 Minuten backen.
Von den aufgegangenen Teigquadraten die obere Hälfte abnehmen, etwas Roquefort hineinkrümeln und ein wenig Sauce daraufgeben.
Mit ein paar Kräutern bestreuen, den Teigdeckel wieder aufsetzen und warm servieren.

Birnensavarin à la Curnonsky

Für 8 Personen
1 Kopfsalat
4 Birnen
70 g Roquefort
70 g Butter
100 g Quark | 100 g Sahne
Paprikapulver

Den Salat putzen und die schönsten acht Blätter auf einen Servierteller legen. Die Birnen schälen, halbieren, vom Kerngehäuse befreien und jede Birnenhälfte auf ein Salatblatt legen.
Mithilfe einer Gabel den Roquefort und die Butter auf einem flachen Teller zerdrücken und mischen und damit die Birnenhälften füllen.
Quark und Sahne zusammen mit dem Schneebesen aufschlagen und über die Birnen geben. Die Birnen im Kühlschrank kalt stellen.
Vor dem Servieren mit etwas Paprikapulver bestreuen.

Rote Paprika mit Roquefort

Für 6 Personen
3 kleine rote Spitzpaprika
250 ml Öl
100 g Roquefort
100 g Butter
1 EL Ketchup

Von den Paprika einen Deckel abschneiden, die Samen und Scheidewände entfernen und die Schoten kurz in dem heißen Öl anbraten, ohne dass sie weich werden.
Die Schoten abkühlen lassen. Den Roquefort, die Butter und den Ketchup zu einer cremigen Farce verarbeiten. Die Paprikaschoten damit füllen, in Frischhaltefolie wickeln und 24 Stunden im Kühlschrank ruhen lassen.
Am nächsten Tag die Paprika in etwa 1 cm breite Ringe schneiden und zum Aperitif oder als Vorspeise mit einem Glas Petit Rosé de Bandol reichen.

Hähnchenschnitzel mit Laguiole

Für 6 Personen
6 Hähnchenschnitzel
Butter
100 ml Weißwein
6 kleine Scheiben Schinken
6 kleine Scheiben reifer Laguiole
2 EL Crème fraîche
½ Bund Petersilie, fein gehackt
Cayennepfeffer
Salz und Pfeffer

In einer tiefen Schmorpfanne die Schnitzel bei schwacher Hitze in etwas Butter 12 Minuten sanft braten und dabei gelegentlich wenden. Die Schitzel herausnehmen, den Bratensatz mit dem Wein ablöschen und vom Pfannenboden lösen. 5 Minuten kochen lassen.
Inzwischen die Schinken- und Laguiolescheiben auf die Größe der Schnitzel zuschneiden. Die Schnitzel in eine mit Butter gefettete Gratinform legen und mit Schinken und Käse belegen.
Die Crème fraîche und Petersilie mischen und mit Salz, frisch gemahlenem Pfeffer und einer Prise Cayennepfeffer würzen. Zuerst den Bratensaft und dann die Kräuter-Crème-fraîche über die Schnitzel geben und diese 10 Minuten in dem auf 210 °C vorgeheizten Ofen überbacken.

Löwenzahnsalat mit Bleu des Causses

Für 6 Personen
300 g Löwenzahn
120 g Bauchspeck
Butter
4 Walnusskerne
125 g Bleu des Causses (nicht zu feucht)
Salz und Pfeffer
3 EL Walnussöl
1 EL Weinessig

Den Löwenzahn putzen und in eine Salatschüssel geben.
Den Speck würfeln und in etwas Butter in einer Pfanne bei schwacher Hitze auslassen. Die Speckwürfel abtropfen lassen und zum Löwenzahn geben. Die Walnusskerne zerkrümeln und mit dem Bleu des Causses in eine Schale geben. Den Käse mit der Gabel zerdrücken und mit reichlich frisch gemahlenem Pfeffer würzen. Nach und nach das Öl und den Essig untermischen und das Dressing unter den Salat heben. Mit Salz abschmecken und servieren.

Brot-Käse-Suppe mit Laguiole

Für 4 Personen
5 Zwiebeln, in feine Scheiben geschnitten
25 g Butter
40 g Mehl
1 Tomate, fein gewürfelt
250 ml trockener Weißwein
Salz
1 Baguette
150 g Laguiole plus etwas geriebener Laguiole

Die Zwiebeln in der Butter bei schwacher Hitze anschwitzen. Sobald die Zwiebeln glasig sind, das Mehl und die Tomate unterrühren und mit anschwitzen. Nach und nach unter Rühren den Wein angießen. 500 ml Wasser zugießen, aufkochen lassen und salzen. Das Brot und den Käse in Scheiben schneiden und abwechselnd in eine hohe Auflaufform schichten, bis mindestens 6 Schichten übereinandergestapelt sind.
Die heiße Bouillon darübergießen, mit geriebenem Käse bestreuen und die Suppe bei 220 °C im heißen Ofen gratinieren. Zu der rustikalen Mahlzeit passt am besten ein Cornas oder ein roter Saint-Joseph.

Käsetörtchen mit Rocamadour

Für 4 Personen
1 Packung salziger Mürbeteig (aus dem Kühlregal)
8 Rocamadour-Käse
100 ml Milch
100 ml Crème fraîche
2 Eier
80 g geräucherte Entenbrust, in schmale Streifen geschnitten
Salz und Pfeffer

4 Tortelette-Förmchen mit 8–10 cm Durchmesser mit Butter ausstreichen. Den Teig ausrollen und 4 Teigkreise ausschneiden, die 2–3 cm größer sind als die gefetteten Förmchen. Den Teig in die Formen legen und kalt stellen.
In einer Schüssel vier Käse mit einer Gabel zerdrücken und mit der Milch, der Crème fraîche und den Eiern vermischen. Die in feine Streifen geschnittene Entenbrust zugeben und die Masse mit Salz und frisch gemahlenem Pfeffer würzen.
Die Käsemischung auf die Förmchen verteilen und in die Mitte jedes Förmchens einen ganzen Käse setzen. Die Törtchen in den heißen Ofen schieben und 20 Minuten bei 200 °C backen. Heiß servieren.

Rinderfilet mit Roquefort

Für 4 Personen
4 schöne Scheiben Rinderfilet, tranchiert
Salz und Pfeffer
Butter | Öl
50 ml Portwein
50 g Roquefort
trockener Weißwein
250 ml Rinderbouillon
100 g Crème fraîche
Schnittlauchröllchen

Die Filets mit Salz und frisch gemahlenem Pfeffer würzen. Etwas Butter mit einem Schuss Öl in einer Pfanne erhitzen und die Filets darin von beiden Seiten anbraten. Das Fleisch auf eine Platte legen und warm halten.
Den Bratensaft mit dem Portwein ablöschen und den zerbröselten Roquefort zugeben. Den Käse schmelzen, etwas Weißwein hinzufügen und die Sauce leicht einkochen lassen. Die Bouillon angießen und die Sauce erneut auf die Hälfte einkochen lassen. Anschließend die Crème fraîche unterrühren und mit Salz und frisch gemahlenem Pfeffer abschmecken.
Den Saft, der aus dem Fleisch ausgetreten ist, unter die Sauce ziehen. Die Filets mit der sehr heißen Sauce übergießen und mit Schnittlauchröllchen bestreut servieren.

Rinderfilet mit Roquefort.

DIE AUVERGNE

Zentralmassiv im Herzen Frankreichs

Frankreich pur: Eine grüne Hochebene und berühmte Käsesorten formen die Auvergne. Der milde Saint-Nectaire, der herbe Cantal, der aromatische Salers, der kräftige Bleu d'Auvergne, der feinwürzige Fourme: Für jeden Geschmack und für jeden Anlass ist etwas dabei. In jedem Käseliebhaber schlummert schließlich ein Auvergnat ...

DIE HOCHEBENE DES KÄSES

Rechte Seite: Die Salers-Kühe mit dem rotbraunen Fell und den harfenförmig gebogenen Hörnern liefern eine besonders fettreiche Milch.

Von den Causses, quasi dem Sockel des Zentralmassivs, verläuft der Weg weiter ins Herz des Gebirges. Daher wird die Auvergne auch das Epizentrum Frankreichs genannt. Zwischen der Loire und der Dordogne, von Puys bis zur Ebene von Limagne, von den Tälern des Departements Corrèze bis zu den grünen Ebenen Cantals ist das Land ein Spiegel seiner Einwohner. Ein Landstrich, in dem man hart arbeitet und sparsam lebt, und in dem die Lebensbedingungen in einer gewaltigen und rauen Natur die Einwohner lange Zeit zwangen, ins Exil zu gehen, um ihren Lebensunterhalt zu verdienen. Diejenigen, die dort verharrten, hatten es schwer.

In *Ramon*, dem Roman über seinen Vater, erwähnt Dominique Fernandez seine Mutter, die in »Saint-Anthème, einer auf tausend Meter hoch gelegenen ärmlichen Gemeinde oberhalb von Ambert im Livradois-Gebirge, geboren wurde«, und beschreibt sehr gut, was noch vor gar nicht allzu langer Zeit den Alltag ausmachte: »steinige, steile Hänge, ärmliche und isolierte Gegenden, in denen die Einwohner nur mit Mühe ihr Auskommen hatten. Zu Beginn des 20. Jahrhunderts herrschte dort große Armut. Man ernährte sich von Speck, Kohl und Kastanien. Die Männer hackten und sägten Holz in den Wäldern oder fanden in den Papierfabriken im Tal Arbeit. Unter den Dächern aus Steinplatten waren die alten Frauen mit der Herstellung von Ziegenkäsen beschäftigt, die sie aus der Milch der in den Torfmooren weidenden Herden gewannen.« (*Ramon*, Grasset 2008)

Wovon träumt eine Salers-Kuh? Von dem Käse, der ihren Namen trägt?

In dieser Vulkanlandschaft, in diesen wunderschönen Landstrichen, in denen das Leben stets hart war, gehörte der Käse von jeher zu den Grundnahrungsmitteln einer ansonsten recht eintönigen Ernährung. Das Milchvieh begleitete daher von Anbeginn die Existenz der Menschen und lieferte ihnen stets nahrhafte Milch. Die traditionelle Käseherstellung gehörte zum Alltag, und das Wissen darum wurde von Generation zu Generation weitergegeben. So herrscht bis heute die robuste Salers-Rasse mit dem rotbraunen Fell und den harfenförmig gebogenen Hörnern sowohl auf den Hochalmen als auch auf den üppigeren Talweiden vor, denn ihre fettreiche Milch eignet sich hervorragend für die Käseherstellung. Die Salers-Kühe teilen sich die Weiden mit zwei anderen wichtigen französischen Rinderrassen: mit den Aubrac-Rindern im Süden und den Ferrandaise-Rindern im Norden. Deren Bestand ist allerdings von über 150.000 im Jahr 1950 auf nur noch einige hundert Exemplare geschrumpft. Stattdessen sind andere, ertragreichere Rassen eingeführt worden wie die Montbéliard- und die Friesischen Rinder. Aber auch wenn heute die Käseherstellung aus der Auvergne nicht mehr auf bestimmte Rassen beschränkt ist, so sind doch die beiden ursprünglichen Rinderrassen die authentischsten.

Saint-Nectaire: ein göttlicher Käse

Kuh • **halbfester Schnittkäse** • **Herkunft:** Puy-de-Dôme und Nord-Cantal • **Durchmesser:** 21 cm • **Dicke:** 5 cm • **Gewicht:** 1,7 kg • **Herstellung:** Bauernhof (fermière) und Molkerei (laitière) • **Rohmilch und pasteurisierte Milch**

Um das gesamte Bergmassiv von Sancy herum, wo das Zentralmassiv im Mont-Dore gipfelt, ist mit dem Saint-Nectaire auch der Käsegipfel der Auvergne erreicht. Um den Käse mit dem heiligen Namen rankt sich eine alte Geschichte, die beweist, dass die Menschen schon von jeher wussten, was gut ist: Einst brachte der auf sein Erbe und seine Ländereien stolze Henry de Saint-Nectaire, Feldmarschall von Ferté-Sennecterre, diesen Käse an den Hof Ludwigs XIV. Der König legte daraufhin den Namen Saint-Nectaire für einen Käse fest, der schon seit dem Altertum hergestellt wurde, denn die Römer fanden bereits Gefallen an den Käsen aus Arvernes, und im Mittelalter dienten sie, die unter anderem nach den Ortschaften Murols und Tauves benannt worden waren, als Zahlungsmittel für die Pacht oder die Benutzung des Dorfofens.

Der nun nach dem Feldmarschall Saint-Nectaire benannte Käse wurde von den Verwaltern der Auvergne im 18. Jahrhundert verteidigt, denn man setzte alles daran, ihn zu schützen, weiterzuentwickeln und zu exportieren, wobei man meist den Flussweg wählte und den Käse über den Allier in Richtung Loire und von da aus über die Seine transportierte. Als 1798 der Jesuit Legrand d'Aussy die Gegend besuchte, schrieb er über das Land: »Wenn man sich etwas Gutes gönnen möchte, bietet sich stets der Sennecterre an.«

Und so kann man nachvollziehen, warum auf den Bauernhöfen und in den Molkereien, die den Käse heute zu etwa gleichen Teilen produzieren, immer noch nach traditionellem Vorbild gearbeitet wird. Die Käse lassen sich leicht unterscheiden, weil ihr grünes Etikett beim Bauernkäse, den man stets bevorzugen sollte, oval und beim Molkereikäse rechteckig ist. Denn auf den Bauernhöfen wird zweimal pro Tag gemolken und direkt nach dem Melken mit der Käseherstellung begonnen, wodurch der Käse ein einzigartiges Aroma erhält. Der Saint-Nectaire riecht ein wenig nach Pilzen und besitzt einen unverwechselbaren gehaltvollen, nussigen und leicht kupfrigen Geschmack, den er seiner traditionellen Herstellung verdankt, bei der die auf 32 °C erwärmte Milch unter Zugabe von Lab in Kesseln gerinnt, die man in dieser Gegend *bastes* oder *gerles* nennt. Der Bruch wird zerkleinert, nach dem Abtropfen bis auf die Größe von Reiskörnern geschnitten, per Hand in die Formen gedrückt, mit seinem Etikett versehen und gesalzen. Anschließend wird er in der Form gepresst, zum Trocknen aus der Form geholt und zwei Tage lang auf Gitterroste gelegt, bevor er zum Reifen in die 10 °C kühlen Keller auf mit Roggenstroh ausgelegten Horden wandert. Während der sechswöchigen Reifezeit wird der Käse regelmäßig mit Salzwasser gewaschen, sodass er sein optimales Aroma er-

Edelschimmelrinde, cremiger, nach Sahne duftender Teig: Selbst ein Heiliger würde sich für einen Saint-Nectaire in Verdammnis stürzen …

reicht. Lässt man ihn länger reifen, schmeckt er würziger, was seinem authentischen Charakter allerdings nicht ganz entspricht. Der cremige, elastische Teig unter der natürlichen weißlichen bis gelborangefarbenen Schimmelrinde besitzt ein äußerst delikates Aroma, dank dessen der Heilige Nectaire nicht nur unsterblich, sondern im Gegensatz zu den drei anderen Aposteln der Auvergne – Austremoine, Auditeur und Baudime – weltweit berühmt ist.

Die Tipps des Käsemeisters

• Es gibt einen Wein, der zum Saint-Nectaire besonders gut passt, aber nicht sehr bekannt ist: der rote Boudes aus einem kleinen Weinberg im Süden von Puy-de-Dôme. Wer ihn nicht bekommen kann, wählt am besten einen Saint-Émilion.
• Am besten schmeckt der Käse im Sommer und Herbst.

Fourme-Käse

Es gibt nur wenige Regionen in Frankreich, die eine so beeindruckende Palette anbieten: Allein sechs Käsesorten sind mit dem AOC-Siegel gekennzeichnet, hinzu kommen zahllose Varianten dieser beinahe ausschließlich aus Kuhmilch produzierten Käse, deren Zahl noch steigt. Kooperativen und Käsefabriken haben mittlerweile das Handwerk der Hirten und Senner übernommen, doch das Land besitzt bis heute ein Netzwerk wichtiger Bauernhöfe, die die artisanale Käseherstellung verfolgen und garantieren. Zahlreiche Senner haben sich zusammengeschlossen, um ihre Käse mit Qualitätsgarantien herzustellen, die sich an dem überlieferten Wissen und der traditionellen Produktion orientieren. Wer die Auvergne wirklich erleben will, sollte daher die Bauernhöfe und Sennereien besuchen.

Eine Sennhütte in der Auvergne.: Die zu Beginn simplen Schutzkonstruktionen aus Ästen und Erdschollen wurden mit der Zeit in etwas komfortablere Sommerunterkünfte umgebaut, die aber immer noch ihren rustikalen Anstrich besitzen.

Cantal

Kuh • Schnittkäse • **Herkunft:** Cantal und Haute-Auvergne • **Durchmesser:** 40 cm • **Dicke:** 40 cm • **Gewicht:** 43 kg • **Herstellung:** Bauernhof (fermière) und Molkerei (laitière) • Rohmilch oder pasteurisierte Milch

Der Cantal ist mit 2000 Jahren die älteste Käsesorte der Auvergne. Er findet bereits bei dem Römer Plinius dem Älteren Erwähnung und später bei Gregor von Tours. Ab 1298 ist der 1858 Meter hohe Plomb du Cantal bekannt für den Fourme du Cantal, dessen Herstellung im 16. Jahrhundert von Jean de La Bruyère-Champier genau festgelegt wurde. Im 18. Jahrhundert widmete die *Encyclopédie* von Diderot und d'Alembert der Abbildung sämtlicher für die Herstellung des Cantal benötigten Utensilien eine ganze Seite. Wichtige Abhandlungen über Molkereiprodukte beschreiben geradezu minutiös das Verfahren der Herstellung des Cantal, etwa 1888 A.-F. Pourriau und noch ausführlicher 1893 Emile Duclaux. Zudem wusste man den Wert des Käses in der Auvergne schon von alters her zu schätzen, denn man benutzte ihn als Zahlungsmittel, um vor allem mit den Weinbauregionen des Midi Handel zu betreiben, wo man den Käse gegen Wein tauschte.

Da die Natur und das winterliche Klima in der Haute-Auvergne eher rau sind und zudem das Reisen im Winter beschwerlich war, sind die Einwohner dort sehr schnell dazu übergegangen, eine Art »Exportkäse« herzustellen, der leicht zu transportieren war und vor allem eine Möglichkeit bot, die sommerliche Milch auch in der kalten Jahreszeit verfügbar zu halten. So erklärt sich die Größe der traditionellen *fourmes* (Formen) für die etwa 40 Kilogramm schweren Käselaibe. Ein beeindruckender Käse, aber das nicht nur aufgrund seiner Größe, denn für ein Kilogramm Käse werden zehn Liter fettreiche Milch benötigt. Der beinahe ausschließlich im Departement Cantal (dem er seinen Namen verdankt) und in einigen nahe gelegenen Kommunen produzierte Käse wird während der Fermentation nicht erhitzt, dafür aber zweimal gepresst. Das erste Pressen erfolgt nach der Fermentation und dem Aus-

Rostfarbene Rinde und nachgedunkelter Teig: ein alter Cantal, der aufgrund seines pikant-würzigen Geschmacks nur etwas für wahre Käseliebhaber ist.

scheiden der Molke. Anschließend wird der frische Käselaib etwa 8 Stunden bei 13 °C gereift, bevor der Teig ein zweites Mal zerkleinert und danach gesalzen und gebrochen wird. Lösen sich die Bruchkörner gut voneinander, wird der Teig erneut geformt und zwei Tage lang immer stärker gepresst. Die fertigen Käselaibe kommen zum Reifen mindestens 30 Tage lang in dunkle, feuchte und luftige Keller, wo sie regelmäßig gebürstet und gewendet werden. Ab diesem Zeitpunkt lässt sich das Alter eines Cantal an der Dicke seiner Rinde erkennen. Nach 30 Tagen schmeckt der junge Käse noch mild und leicht säuerlich nach Milch. Der Teig eines zwei bis sechs Monate gelagerten Käses wird dunkler und bekommt einen ausgeprägteren, blumig-würzigen Geschmack. In diesem Alter wird der Cantal *entre deux* oder *doré* (»golden«, aufgrund seiner goldfarbenen Rinde) genannt. Von altem Cantal spricht man, wenn der Käse länger als sechs Monate gelagert wird. Seine dicke Rinde hat eine dunkelgraue bis rostige Farbe, und der pikant-würzige und säuerliche Geschmack ist nur etwas für wahre Liebhaber. Es gibt sogar einen extra lange gelagerten Cantal, der *croûtard* genannt wird und dessen Rinde so dick ist wie sein Geschmack scharf.

Die Tipps des Käsemeisters

- Ein roter Saint-Pourçain oder ein Cahors passen sehr gut zum Cantal.
- Einen Cantal stets von oben nach unten anschneiden, damit jedes Stück mit etwas Rinde serviert wird.
- Der Cantal hat seinen Stammplatz auf jeder Käseplatte, doch aufgrund seiner guten Schmelzeigenschaften eignet er sich auch zum Kochen und Überbacken.

Der Cantal: schon im 17. Jahrhundert bekannt …

Der französische Dichter Saint-Amant liebte die Freuden des Essens und Trinkens. Im Stil des italienischen »Capricccio« hat er einige Gedichte hinterlassen, in denen er sich mit der Melone, der Pfeife, dem Cidre oder dem Käse beschäftigt; er beschreibt diese Dinge sinnlich, farbenfroh und wortgewandt. In einem Gedicht, das er um 1636 für den Marquis de Mortemart schrieb, rühmt er die Vorzüge des Cantal (möglich ist aber auch, dass er mit diesem Namen einen Blauschimmelkäse aus der Auvergne meint, zu dem einige seiner Bemerkungen besser zu passen scheinen); dabei schätzt er ebenso sehr seinen starken Geruch wie seinen prägnanten Geschmack, denen der Brie mit seiner Milde nicht standhalten kann.

[…] Wie lockst du mich! Wie ist mir dein Geruch so fein!
Und wie erst dein Geschmack, so greulich er mag sein,
Viel wohler mundet mir als eine Marmelad',
In der die scheue Frucht die Fäulnis überragt.
Durch ihn stürzt der Ginguet* selbst den Muscat in Schmach,
Durch ihn schmeckt selbst der gröbste Wein köstlich hernach,
Dass Himmelsnektar, welchen kennet jedermann,
Wenn weiß zuvor er wär, erröten würd' vor Scham. […]
O Brie! O armer Brie! O kläglich' Angelot,
Den seinerzeit ich rühmt' aus Liebe zu Bilot**,
Du kannst vor diesem Teufel gerne flieh'n von Erden,
Dein schöne Farb' wird von der schrecklichen besieget werden.
Bei seinem Wohlgeschmack bist du mir schale Kost,
Wie Wasser es nicht ist vor einem köstlich' Most,
Und deine platte Kraft, die seiner schwach erliegt,
Aus meinem Kopf und Geiste bald restlos verfliegt.

(Saint-Amant, *Le Cantal*, Seconde Partie des Œuvres, 1643)

* leichter, sehr schlechter grüner Wein
** ein Freund, der ihm einen Brie mitgebracht hatte, über den er ein anderes Gedicht schrieb *(Le Fromage)*

Salers

Kuh • Schnittkäse • **Herkunft:** Cantal und Haute-Auvergne • **Durchmesser:** 38–50 cm • **Dicke:** 30–40 cm • **Gewicht:** 35–55 kg • **Herstellung:** Bauernhof (fermière) • **Rohe Vollmilch**

Die Salers-Kühe, Königinnen der Rinderrassen der Auvergne, liefern die Milch für einen göttlichen Käse, der seinen Namen einem kleinen mittelalterlichen Dorf im Herzen der Cantal-Berge, in dem er schon seit Urzeiten hergestellt wird, verdankt. Auf dem Hauptplatz von Salers wird er daher auch entsprechend geehrt. Auf einem Basaltsockel steht dort die Büste Tyssandier Escous, jenes Agronomen, der im 19. Jahrhundert die Salers-Rinder als eigene Rasse züchtete und offiziell anerkennen ließ. Diese Kühe mit dem leuchtend roten, drahtigen Fell, dem kurzen dreieckigen Kopf, der länglichen Stirn und den harfenförmig geschwungenen Hörnern sorgen im Einklang mit der Natur für einen außergewöhnlichen Käse.

Daher verteidigt man in Salers nachdrücklich das Siegel der kontrollierten Herkunftsbezeichnung, das in diesem Fall garantiert, dass der Käse ausschließlich aus Milch von Kühen hergestellt wird, die auf Sommerweiden (ursprünglich 1. Mai bis 31. Oktober, heutzutage auch 15. April bis 15. November) grasen, denn in dieser Zeit ist das Gras auf den Almen am eiweißreichsten. Für den Käse darf nur Milch von Kühen verwendet werden, die sich ausschließlich von frischem Gras ernähren. Die Rohmilch wird sofort nach dem Melken weiterverarbeitet und dafür in große, 200–500 Liter fassende Holzzuber gegossen, von denen man in Salers so überzeugt ist, dass man sich dagegen wehrt, sie gegen Edelstahlkessel auszutauschen. Über die Zuber wird ein Baumwolltuch ge-

Der Salers zeichnet sich durch eine dicke, trockene Rinde und einen gelben Teig aus, der sommerlich, ländlich duftet.

Linke Seite: Die großen, 40 Kilogramm schweren Käselaibe des Cantal reifen ein bis sechs Monate in dunklen, feuchten Kellern.

legt, damit die Milch unbeschadet zur Weiterverarbeitung transportiert werden kann. Der durch Fermentation entstandene Bruch wird zerkleinert, gepresst und ein zweites Mal zerkleinert, indem er durch eine Art grobmaschiges Sieb gedrückt wird. Danach wird der Bruch mit dem *altrassadou* – einem mit drei Löchern versehenen Brett – verdichtet, in einen zweiten Behälter umgefüllt, gepresst und weitere sechs- bis siebenmal gebrochen, bis ein frischer Tomme bzw. ein weicher Teig entsteht, der 24 Stunden reifen darf, bevor er erneut ein- bis zweimal zerkleinert, gesalzen und geformt wird. Die etwa 45 Kilogramm schweren Käselaibe werden in der Form 48 Stunden gepresst, wobei sie zu Beginn zwölf- bis dreizehnmal und später nur noch ein- bis zweimal pro Stunde gewendet werden. Anschließend lässt man die Käse sechs Monate reifen und wäscht und wendet sie in dieser Zeit regelmäßig, damit sich die dicke, goldene Rinde bilden und der Teig sein sommerlich mildwürziges Aroma entwickeln kann, in dem etwas Süßholz, Enzian und Waldbeere mitschwingen.

Die Tipps des Käsemeisters

• Der beste Salers wird aus der Milch der Kühe mit dem gleichen Namen gewonnen und ist an seinem eingeprägten Stempel »tradition Salers« zu erkennen. Die anderen Käse werden mit der Aufschrift »Salers-Salers« gekennzeichnet.
• Am besten genießt man einen Salers mit einem Gigondas, einem roten Sancerre oder einem Saumur-Champigny.
• Der Salers ist das ganze Jahr über von gleichbleibender Qualität. Probieren Sie ihn doch mal mit Kirschen oder Himbeeren, mit einem Apfel, mit Walnüssen oder ein paar Trauben.

Bleu d'Auvergne

Kuh • halbfester Schnittkäse mit Blauschimmel • Herkunft: Cantal, Auvergne **• Durchmesser:** 20 cm **• Dicke:** 8–10 cm **• Gewicht:** 2–3 kg **• Herstellung:** Molkerei (laitière) **• Rohmilch oder pasteurisierte Milch**

Der Name passt zu diesem Käse: *bleu* (blau), da der von Schimmeladern durchzogene Teig seine Farbe nicht versteckt, und d'Auvergne, weil er in quasi allen Departements der Region hergestellt wird, vor allem in Puy-de-Dôme und Cantal, aber auch in Haute-Loire, Lozère, Aveyron, Lot und Corrèze. Wie bei allen Käsesorten des Zentralmassivs reicht auch seine Geschichte weit zurück, da es früher in den Bergen unabdingbar war, Nahrungsmittel herzustellen, die sich gut konservieren ließen, um so in der kalten Jahreszeit als Grundnahrungsmittel

zu dienen. Der Bleu d'Auvergne wurde auf beinahe allen Bauernhöfen mit Milch von den Kühen hergestellt, die man nicht auf die Sommerweiden schickte. Seinen blauen Innenschimmel verdankt er mehr oder weniger dem Zufall.
Heute wird er mit Ausnahme einiger kleiner lokaler Betriebe, die die Familientradition noch fortsetzen, nicht mehr auf den Bauernhöfen produziert. Dennoch erfolgt seine Herstellung nach traditionellem Muster: Die Milch wird mit Lab versetzt und die daraus gewonnene Dickete zerschnitten, gerührt, geformt und mit *penicillium glaucum* geimpft, das die Blauschimmelbildung fördert. Anschließend reift der Käse drei Wochen lang in feuchten, belüfteten Kellern und bildet in dieser Zeit eine dünne braune, blaugrünlich changierende Rinde. Der glatte, ebenmäßige Teig entwickelt einen recht kräftigen Geruch und einen pikanten Geschmack.

Die Tipps des Käsemeisters

- Der Bleu d'Auvergne ist ein Käse mit Charakter. Daher empfehlen sich Weine mit einem ebenso kräftigen Geschmack, etwa ein Cahors, ein Gaillac, ein Madiran oder ein Banyuls. Aber auch die Weißweine des Elsass, etwa ein Gewürztraminer, passen geschmacklich hervorragend dazu.
- Probieren Sie den Bleu d'Auvergne mal als Aperitif auf Kanapees.
- Auch zum Kochen eignet sich der Käse, etwa zu Entrecôtes, Nudeln oder salzigen Crêpes. Es genügt völlig, gegen Ende der Garzeit etwas Käse zuzufügen und ihn schmelzen zu lassen, um ein völlig neues Geschmackserlebnis zu kreieren.

Dunkle Rinde, blau geäderter Teig und ausgeprägter Geschmack: Der Bleu d'Auvergne kann seine Herkunft nicht leugnen.

Fourme d'Ambert und Montbrison

Kuh • Schnittkäse mit Blauschimmel • **Herkunft:** Loire, Puy-de-Dôme, Cantal • **Durchmesser:** 13 cm • **Dicke:** 19 cm • **Gewicht:** 2 kg • **Herstellung:** artisanal und Molkerei (laitière) • pasteurisierte Milch

Rechte Seite: Der Fourme de Montbrison hat im Gegensatz zu seinem Verwandten aus Ambert eine orangefarbene Rinde und einen dezenter blau gefärbten Teig.

Der Fourme d'Ambert ist an seiner grauen Rinde und seinem von blauen Adern durchzogenen Teig gut zu erkennen.

Zwei Käse, zwei Traditionen, zwei AOC-Siegel und zweimal ein Genuss. Beide Käsesorten stammen aus den Bergen von Forez in Arverne und wurden schon produziert, bevor die Römer sich dort ansiedelten. Man sagt, dass sich bereits die Druiden an diesen Käsen erfreuten und die Kuhherden segneten, bevor sie hinauf auf die Sommerweiden zogen. Sichere Belege für die beiden Käse finden sich im 8. Jahrhundert, so wurde der Name des Käses über die Tür der Kapelle La Chaulme in der Nähe von Saint-Anthème eingemeißelt. Die Gegend dort ist rau: heiße Sommer und lange, harte Winter. Die Männer arbeiten im Wald, im Sommer führen sie ihre Kuhherden hinauf in die Berge, wo sie in sogenannten *jasseries* – strohgedeckten Almhütten, die stets unterhalb einer Quelle liegen – den Käse herstellen. Hier sind Temperatur und Luftfeuchtigkeit geradezu ideal. Eine jahrhundertealte Tradition. Seit den 1950er-Jahren ziehen es die Bauern allerdings vor, die Milch zu verkaufen. Immer weniger Kuhherden werden im Sommer noch auf die Almen gebracht, und viele *jasseries* werden nicht mehr benutzt. Von den über zweitausend Sennhütten, die es einst gab, sind nur noch eine Handvoll übrig. Und auch wenn einige junge Senner inzwischen die alte Tradition wieder aufleben lassen und in den Bergen ihren Fourme herstellen, so wird der Käse heute doch überwiegend in Molkereien produziert. 1972 erhielten gleich zwei Fourme-Käse das AOC-Siegel, und erst seit 2002 unterscheidet man den Fourme d'Ambert, dessen Produktion stetig ansteigt, von dem etwas unbekannteren Nachbarn, dem Fourme de Montbrison. Beide Käsesorten profitieren von dem Wissen über die traditionelle Herstellung. Das Wort *fourme* leitet sich vom lateinischen *forma* ab und bezeichnet eine zylindrische Form mit größerer Höhe als Breite, die dem Käse sein Aussehen verleiht. In diese Form wird der mit Lab versetzte, geschnittene und gerührte Bruch zum Abtropfen gefüllt. 24 Stunden

trocknet er in der Form, bevor er zum ersten Mal herausgeholt und mit Salz eingerieben wird. Anschließend trocknet er weitere 48 Stunden in der Form. Dann wird der Teig endgültig aus der Form geholt, zum Abtropfen zwei Tage lang auf Horden gelegt und mit den Blauschimmelkulturen geimpft. Mindestens 28 Tage reift der Käse anschließend in Kellern.
Die beiden Käsesorten unterscheiden sich nur, was das Abtropfen und Salzen betrifft. Während der **Fourme d'Ambert** nicht so lange abtropft und mit Salzlake oder trockenem Salz von außen eingerieben wird, salzt man beim **Fourme de Montbrison** nach dem ersten Abtropfen den Bruch, was seinen Teig insgesamt etwas trockener werden lässt. In beiden Fällen jedoch durchzieht der Blauschimmel den cremefarbenen Teig unter einer von leichtem Schimmelflaum überzogenen Rinde, die beim d'Ambert eher gräulich, beim Montbrison ockerfarben ist. Beide Käse schmecken mild und fruchtig und verströmen einen dezenten Kellergeruch.

Die Tipps des Käsemeisters

• Zu den Fourme-Käsen bieten sich lokale Rot- oder Roséweine an, etwa ein Côte-d'Auvergne, ein Côte-du-Forez oder ein Côte-Roannaise. Man kann jedoch ebenso gut auch mal einen Gigondas, einen Sancerre oder einen Vouvray dazu probieren – die Auswahl ist groß …
• Der Fourme eignet sich hervorragend für eine Käsecreme. Dazu einfach 150 g zerbröckelten Käse mit 125 g Butter, 120 g Quark und 200 g Walnusskernen mischen und diese Creme auf geröstetem Brot anbieten – ein wahrer Hochgenuss …
• Zum Käse die passende Lektüre:
Wer *Les Copains* von Jules Romains liest, kennt sich mit Ambert bestens aus.

Andere Käsesorten aus der Auvergne

Ein Ziegenkäse im Land der Kuhmilchkäse – der zarte, cremige Brique du Forez ist auf jeden Fall einen Versuch wert!

Neben den vielen Käsesorten mit AOC-Siegel gibt es in der Auvergne zahlreiche weitere, je nach Dorf variierende Käse, darunter auch Blauschimmelkäse und lokal unterschiedliche Fourmes. Einige haben es geschafft, einen ganz eigenen Charakter zu entwickeln und sich so von dem Cantal, dem Salers und dem Saint-Nectaire zu unterscheiden. So findet man im Land der Kühe auch einen **Brique du Forez,** der gelegentlich auch **Chevreton de Livradois** genannt wird, und der entweder ausschließlich aus Ziegenmilch oder aus einer Mischung aus Ziegen- und Kuhmilch hergestellt wird. Seine weiße Edelschimmelrinde mit bläulichen Sprenkeln verfärbt sich im Alter leicht gräulich. Traditionell wurde der Teig aus einer mit Lab versetzten Dickete gewonnen, heute verwendet man zur Herstellung der Dickete eine Milchsäuregärung, wodurch der Käse bei gleicher Cremigkeit und gleichem Fettgehalt von 45 % i. Tr. etwas weicher und das Ziegenaroma milder wird.

Drei weitere typische Kuhmilchkäse verdienen ebenfalls eine gesonderte Erwähnung. Der **Fouchtra** mit seinem auvergnischen Namen ist typisch für die Region Aurillac. Der 18–20 Zentimeter dicke Tomme mit einem Durchmesser von 30 Zentimetern besitzt nach einer Reifezeit von zwei bis sechs Monaten eine braungraue Rinde und schmeckt mild bis pikant-würzig. Egal, ob jung oder länger gereift, eignet er sich wunderbar für eine Käseplatte.

Ganz anders hingegen der **Gaperon,** dessen Name sich von dem auvergnischen *gape* für

Buttermilch ableitet. Sein halbfester Teig wird gepresst, aber nicht erhitzt und zu einem gut zehn Zentimeter hohen konischen Stumpf geformt, der einen Durchmesser von ebenfalls zehn Zentimetern hat. Der artisanal hergestellte Käse wird mit Knoblauch oder frisch gemahlenem Pfeffer gewürzt und häufig ein bis zwei Monate an einen Haken neben den Kamin gehängt, was seinen pikanten und leicht rauchigen Geschmack fördert.

Der scheibenförmige **Murol** mit dem Loch in der Mitte hingegen wird ausschließlich in Molkereien hergestellt. Seiner orangebräunlichen Rinde sieht man an, dass er etwa sechs Wochen lang auf einem Leintuch reift. Der gelbliche Teig hat einen besonders milden Geschmack, wodurch er – durchaus gewollt – dem Saint-Nectaire ähnelt. Um ihn von seinem berühmten Nachbarn zu unterscheiden, wird er mit Loch in der Mitte geformt. Da von einem solchen Käse aber nichts verlorengehen sollte, ist man dazu übergegangen, die herausgenommenen Mittelstücke mit rotem Wachs zu überziehen und als *murolait* zu verkaufen: als Konzentrat des Murol ...

Die Tipps des Käsemeisters

- Sämtliche Käse der Auvergne vertragen sich hervorragend mit einem Côtes-d'Auvergne, einem Saint-Pourçain, einem Côtes-Roannaise oder einem fruchtigen und leichten Beaujolais.
- Es gibt natürlich zahlreiche industriell hergestellte Käsesorten, die versuchen, die Blauschimmelkäse der Auvergne zu imitieren. Einigen gelingt dies auch, so etwa dem in Haute-Loire hergestellten Saint-Agur. Der milde und cremige Käse ist weit verbreitet und genießt großen Erfolg.

Der Favorit des Käsemeisters

Laqueuille: der andere Blauschimmelkäse

Kuh • halbfester Schnittkäse mit Blauschimmel • Herkunft: Puy-de-Dôme und Cantal • **Durchmesser:** 19–20 cm • **Dicke:** 8–10 cm • **Gewicht:** 2,3–2,7 kg • **Herstellung:** Bauernhof (fermière) • **pasteurisierte Milch**

Wünscht man sich die Qualität eines Blauschimmelkäses aus der Auvergne, aber einen etwas cremigeren und elastischeren Teig, so findet man in Puy-de-Dôme den Bleu de Laqueuille, einen Käse mit genau diesen Eigenschaften. Seine auf sechs Kommunen im Departement begrenzte Herstellung profitiert von einer landschaftlichen Besonderheit: Auf allen etwa 1000 Meter hoch gelegenen, von Bergbächen durchzogenen Almweiden wächst besonders eiweißreiches Gras, und durch die zahlreichen natürlichen Höhlen im darunterliegenden Gestein vulkanischen Ursprungs weht eine eisige Luft, wodurch sich der Name der Gegend erklärt, der übersetzt »Land der Eisquellen« bedeutet. Die Höhlen sind ideal, um den Käse reifen zu lassen, nachdem dieser sehr ähnlich und genauso traditionell wie der Bleu d'Auvergne hergestellt wurde. Einzig im Schneiden des Bruchs und im altertümlichen Salzen unterscheidet sich der Laqueuille ein wenig. Dabei besagt eine Legende sogar, dass man in Laqueuille die Technik zur Herstellung von Blauschimmelkäse entdeckt habe, die der Ursprung sämtlicher Bleus d'Auvergne ist. Im Jahr 1850 soll ein Bauer in einer Küchenschublade einen Frischkäse vergessen haben, der mit Roggenbrotkrümeln in eine Zeitung gewickelt war. Als er den Käse von einer Schimmelpilzschicht überzogen wiederfand, kam er auf die Idee, seine Fourme-Käse mit dieser Schimmelkultur – dem *penicillium glaucum* – zu impfen. So stach er an mehreren Stellen mit einer Nadel in den Käse, damit durch die eindringende Luft im Innern des Käses die Schimmelbildung gefördert werde. Auf diese Weise entstand als erster Bleu d'Auvergne der Laqueuille.

Das Pikieren (das heute nicht mehr mit Stricknadeln, sondern mithilfe einer mechanischen Stechmaschine erfolgt, die für eine gleichmäßige Verteilung der Schimmelkulturen sorgt) geschieht in dem Keller, in dem der Käse vier Wochen lang reift. Danach kann man das kräftige Aroma des cremigen Käses genießen, wobei der Teig noch etwas geschmeidiger als der des Fourme d'Ambert und des Montbrison ist und er etwas intensiver als die anderen Bleus d'Auvergne schmeckt. Wahre Käseliebhaber wissen: Der Laqueuille ist der beste Blauschimmelkäse der Auvergne.

Die Tipps des Käsemeisters

- Wie bei anderen kräftigen Käsesorten sollte auch der Laqueuille von einem im Fass gereiften Rotwein begleitet werden, etwa einem Saint-Estèphe, einem Pomerol, einem Saint-Julien oder einem Châteauneuf-du-Pape. Aber auch vollmundige Weißweine, wie der Monbazillac oder der Rivesaltes, sind einen Versuch wert.
- Um das volle Aroma eines Laqueuille zu genießen, sollte man vorzugsweise im Sommer bis Anfang Oktober einen weichen und auch an der Oberfläche von vielen blauen Äderchen überzogenen Käse wählen.

Rechte Seite: Mit dem Laqueuille ist die Technik zur Blauschimmelkäseherstellung entdeckt worden – der Ursprung sämtlicher Bleus d'Auvergne.

Mit Fourme gefüllte Crêpes

Für 4–6 Personen
250 g Mehl
2 Eier
750 ml Milch
Salz
60 g Butter plus etwas Butter zum Braten
20 g Mehl
250 g Fourme

Das Mehl, die Eier, 450 ml Milch und eine Prise Salz zu einem glatten Teig verrühren. Zum Schluss 40 g zerlassene Butter unterziehen, in einer gebutterten Pfanne aus dem Teig Crêpes backen und auf einem Teller stapeln.
Die restliche Butter in einem kleinen Topf zerlassen. Das Mehl einstreuen, unterrühren und anschwitzen. Die restliche, erwärmte Milch nach und nach unter Rühren dazugeben und die Béchamelsauce unter Rühren aufkochen lassen. Zum Schluss den zerkrümelten Fourme einrühren und schmelzen lassen.
Mit dieser dicken Sauce die Crêpes füllen und aufrollen. Die gerollten Crêpes nebeneinander in eine gebutterte Auflaufform legen und ein Butterflöckchen auf jeden Crêpe geben. Die Crêpes 5 Minuten im Ofen backen, bis sie goldgelb sind.

Artischockenböden mit Fourme

Für 8 Personen
10 Artischocken
1 Zitrone
Salz und Pfeffer
3 EL Olivenöl
1 Knoblauchzehe | je 1 Bund Petersilie und Kerbel
2 Eier
150 g Fourme
Butter, Semmelbrösel

Die Artischocken in einem Topf mit kaltem Wasser bedecken. Einen Spritzer Zitronensaft, etwas Salz und das Olivenöl dazugeben, aufkochen lassen und in 10–15 Minuten weich kochen. Aus dem Topf nehmen und das Herz herausschneiden.
Den Knoblauch, die Petersilie und den Kerbel zusammen klein hacken, die Eier verquirlen und den Fourme mit einer Gabel zerdrücken.
Die Knoblauch-Kräuter-Mischung in einem nussgroßen Stück Butter in einer Pfanne bei schwacher Hitze anschwitzen, zwei Artischockenböden zugeben und mit einer Gabel zerdrücken. Dann die Eier zugeben, gut untermischen, mit Salz und frisch gemahlenem Pfeffer abschmecken und nach ein paar Minuten vom Herd nehmen. Den zerkrümelten Fourme unterziehen, sodass eine kompakte Farce entsteht.
Eine Gratinform mit Butter auspinseln, die restlichen acht Artischockenböden hineingeben und die Farce daraufhäufen. Die Semmelbrösel darüberstreuen, ein Butterflöckchen auf jeden Boden geben und anschließend 5 Minuten im auf 220 °C vorgeheizten Ofen gratinieren. Mit einem weißen Crozes-Hermitage genießen.

Stockfisch mit Cantal

Für 4 Personen
500 g Stockfisch
1 Lorbeerblatt
1 Thymianzweig
2 Scheiben einer unbehandelten Zitrone
1 Zwiebel, grob gewürfelt
50 g Butter
30 g Mehl
500 ml Milch
Salz und Pfeffer
1 Bund Petersilie, fein gehackt
200 g Cantal
100 g Crème fraîche
2 EL Semmelbrösel

Den Stockfisch mindestens 12 Stunden lang wässern, dabei das Wasser öfter wechseln.
Am nächsten Tag die Fischfilets mit dem Lorbeerblatt, dem Thymian, den Zitronenscheiben und der Zwiebel in einen Stieltopf geben und mit Wasser bedecken. Kurz aufkochen und dann bei niedriger Temperatur 10 Minuten köcheln lassen. Anschließend den Fisch herausholen, abtropfen lassen und jedes Filet in zwei gleich große Stücke teilen.
In einem Topf bei schwacher Hitze 30 g Butter zerlassen und mit einem Holzlöffel das Mehl einrühren. Nach und nach unter Rühren die erwärmte Milch unterrühren. Die Sauce unter ständigem Rühren 10 Minuten köcheln lassen und mit Salz und frisch gemahlenem Pfeffer abschmecken.
Die Petersilie in fünf Portionen aufteilen. Den Käse in feine Scheiben schneiden und in vier Portionen teilen.
Mit der restlichen Butter eine Gratinform einstreichen und ein Drittel der Sauce hineingeben. Je eine Portion Cantal sowie Petersilie und die Hälfte des Stockfischs darauf verteilen. Mit je einer Portion Cantal und Petersilie und dem zweiten Drittel Sauce bedecken. Dann wieder je eine Portion Cantal und Petersilie und den restlichen Stockfisch daraufgeben und mit je einer Portion Petersilie und Cantal und der restlichen Sauce abschließen.
Mit der restlichen Petersilie bestreuen, die Crème fraîche darauf verteilen, mit Semmelbröseln bestreuen und im 230 °C heißen Ofen 10 Minuten gratinieren. Heiß servieren.

Huhn mit Bleu d'Auvergne

Für 4–6 Personen
1 Huhn
Öl
1 Zwiebel, halbiert
50 g Butter
50 g Bleu d'Auvergne
250 g Crème fraîche
Salz und Pfeffer

Das Huhn tranchieren. In einer Pfanne etwas Öl erhitzen und die Hühnerstücke mit der Zwiebel darin goldbraun anbraten. Die Pfanne vom Herd nehmen, das Fleisch herausheben und die Pfanne auswischen. Dann in derselben Pfanne die Butter zerlassen und die Hühnerstücke darin bei schwacher Hitze gut 30 Minuten sanft garen, dabei gelegentlich wenden. Währenddessen den Bleu mit einer Gabel zerdrücken und mit der Crème fraîche vermischen.
Die Käsemischung über die Hühnerstücke gießen, mit Salz und frisch gemahlenem Pfeffer würzen und alles weitere 20 Minuten garen.
Sehr heiß servieren. Ein einfaches, schmackhaftes Mahl, zu dem in der Auvergne in Holzkohle gegarte Kartoffeln und ein weißer Vieilles Vignes gereicht werden.

Fenchelsalat mit Fourme

Für 4–6 Personen
1 unbehandelte Zitrone
3 Knollen Gemüsefenchel
50 g Haselnüsse
150 g Fourme
Pfeffer
150 g Sahne

Die Zitrone waschen und mit dem Zestenreißer die Schale in feinen Streifen abziehen; beiseite stellen. Den Fenchel ebenfalls waschen, halbieren, vom Strunk befreien und in feine Scheiben schneiden.
Mit Zitronensaft beträufeln und 5 Minuten im Dampf garen.
Währenddessen die Haselnüsse zerstoßen.
In einer Schüssel den Fourme mit einer Gabel zerdrücken, mit frisch gemahlenem Pfeffer würzen und die Sahne untermischen.
Den gegarten Fenchel fächerförmig auf einer Servierplatte anrichten, mit den zerstoßenen Haselnüssen und der Zitronenschale bestreuen und mit der Sauce übergießen.

Lachs mit Saint-Nectaire

Für 4 Personen
1 Schalotte, fein gewürfelt
1 Knoblauchzehe, fein gehackt
Butter
4 Lachssteaks
2 EL Öl
1 Ei
50 g Gruyère
100 g Saint-Nectaire
50 ml Weißwein
50 ml Fischfond
1 Schuss Sahne

Den Ofen auf 200 °C vorheizen und den Grill zuschalten.
Die Schalotte und den Knoblauch mischen und auf den Boden einer mit Butter ausgestrichenen Auflaufform streuen. Die Lachssteaks bei starker Hitze in einer Pfanne in dem Öl kurz anbraten und in die Auflaufform geben. Den Bratensaft aufbewahren.
In der Küchenmaschine das Ei mit dem Gruyère und dem Saint-Nectaire vermischen. Diese Mischung auf dem Lachs verteilen und die Form für 20 Minuten in den Ofen schieben.
5 Minuten vor Ende der Garzeit den Bratensaft mit dem Weißwein, dem Fischfond und einem Schuss Sahne in einen Topf geben und etwas einkochen lassen.
Den Fisch mit der Sauce beträufeln und heiß servieren.

Weihnachtssuppe

Für 6–8 Personen
½ Saint-Nectaire
300 g Weißbrot vom Vortag
1 ½ l Wasser
Salz und Pfeffer
200 g Sahne

Die Käserinde entfernen und den Saint-Nectaire in feine Scheiben schneiden.
Das Brot würfeln und in einen großen Kochtopf geben. Das Wasser zugießen, mit Salz und frisch gemahlenem Pfeffer würzen und aufkochen lassen. Sanft kochen lassen, bis das Wasser nahezu verdampft ist, und dann den Käse zugeben. Unter ständigem Rühren bei kleiner Hitze schmelzen lassen, dann die Sahne zugeben und unterrühren.
Die Suppe sehr heiß servieren. Ein wunderbares, wärmendes Gericht für kalte Tage!

Blätterteigpasteten mit frischem Gaperon

Für 4 Personen
4 im Ofen gebackene Kartoffeln
4 EL Crème fraîche
1 frischer Gaperon
1 Bund Schnittlauch, in Röllchen geschnitten
1 Bund Petersilie, fein gehackt
Fleur de Sel und Pfeffer
24 Weinbergschnecken
4 Blätterteigpasteten
etwas Montlouis (oder ein anderer weißer Dessertwein)

Die Kartoffeln pellen, mit der Crème fraîche, dem Gaperon, dem Schnittlauch und der Petersilie mit einer Gabel fein zerdrücken und mit Salz und frisch gemahlenem Pfeffer würzen. Die Schnecken auslösen, sechs Schneckenhäuser aufbewahren.
Die Hälfte dieser Farce auf die Böden der Pasteten geben, darauf jeweils sechs Schnecken setzen und mit dem Rest der Farce bedecken. Die Pasteten in dem auf 180 °C vorgeheizten Ofen etwa 12 Minuten backen. Vor dem Servieren jede Pastete mit einem mit Montlouis gefüllten Schneckenhaus garnieren und den Wein direkt vor dem Essen über die Pastete gießen.

Truffade

Für 4 Personen
1 kg Kartoffeln
Schmalz (oder Öl)
Salz
400 g junger Cantal oder ein frischer Tomme de Salers

Die Kartoffeln in feine Scheiben schneiden, im Schmalz oder im heißen Öl anbraten und mit etwas Salz würzen.
Anschließend die Kartoffeln unter häufigem Wenden bei schwacher Hitze 20–30 Minuten garen, bis sie weich sind.
Den Käse in feine Scheiben schneiden. Die Kartoffelscheiben mit einer Gabel zerdrücken und mit dem Käse bedecken. Die Pfanne erneut auf den Herd stellen und die Masse noch 5 Minuten unter Rühren garen, bis der Käse geschmolzen ist.
Anschließend alles bei hoher Temperatur in 2–3 Minuten goldbraun braten und sofort servieren.
Ein absolut köstliches, gehaltvolles Essen, das einen guten Wein verdient, einen Châteauneuf-du-Pape zum Beispiel.
Und wenn Sie es noch gehaltvoller lieben und es zudem den alten Sennern nachmachen wollen, servieren Sie dazu Brühwurst.

Blätterteigtarte mit Laqueuille

Für 4 Personen
Béchamelsauce (aus 10 g Butter, 10 g Mehl und 100 ml Milch)
200 g Bleu de Laqueuille
300 g Blätterteig
1 Eigelb, verquirlt

Die Béchamelsauce zubereiten und den zerbröckelten Käse mit dem Schneebesen einrühren und schmelzen. Abkühlen lassen.
Den Teig 5 mm dünn ausrollen, halbieren und mit der einen Hälfte den Boden einer Tarteform auslegen. Den Rand der Form mit Wasser bepinseln. Die abgekühlte Käsesauce darauf verteilen, mit der zweiten Teigplatte zudecken und die Oberfläche mit dem Eigelb bestreichen. Im auf 200 °C vorgeheizten Ofen 5 Minuten backen, die Temperatur auf 160 °C reduzieren und in weiteren 10 Minuten fertigstellen, bis die Tarte schön braun ist.

Fourme d'Ambert mit Trüffeln

Für 10 Personen
1 gereifter Fourme d'Ambert
100 ml Armagnac
1 schwarze Trüffel (40 g)
Baguette zum Servieren

Vorsichtig die obere Rinde des Käses wie einen Deckel abschneiden und beiseite legen.
Mit einem Teelöffel den Käse aushöhlen, ohne die Rinde dabei zu zerstören. Den Käseteig in eine Schüssel geben, mit einer Gabel zerdrücken und mit dem Armagnac übergießen. Die Trüffel grob hacken und untermischen. Mit etwas frisch gemahlenem Pfeffer würzen, die Masse mit einem Löffel vorsichtig in den ausgehöhlten Käse füllen und den Deckel daraufsetzen. Den Käse in Klarsichtfolie einwickeln und 2 Tage im Kühlschrank ruhen lassen.
Vor dem Servieren ein Baguette in Würfel schneiden und diese rösten. Den Käse auswickeln und auf die Tischmitte stellen, damit sich jeder selbst mit einem kleinen Löffel etwas Käse auf die Brotwürfel streichen kann.
Noch einfacher ist es, den Fourme horizontal zu halbieren und in dicke Stücke zu schneiden. Die untere Hälfte jeweils mit feinen Trüffelscheiben belegen, etwas Armagnac darüberträufeln, mit etwas Pfeffer würzen, die obere Hälfte darübergeben und das Ganze als kleine Luxussandwiches servieren …

Fourme d'Ambert mit Trüffeln.

VOM POITOU BIS TOURAINE

Im Land der Loire

Glücklich, wer wie Odysseus eine lange Reise macht und bei seiner Rückkehr in seine schöne Heimat an den Ufern der träge dahinfließenden Loire nicht weniger als sechs Käsesorten mit AOC-Siegel genießen kann, mit so klangvollen Namen wie: Chavignol und Chabichou, Pouligny und Valençay, Selles-sur-Cher und Sainte-Maure, Vendôme, Vendôme ...

DAS LIEBLICHE TAL DER LOIRE

Rechte Seite: Zwischen Berry und Poitou, Anjou und Touraine befindet sich das Herz Frankreichs. Und in der Mitte fließt die Loire.

Wenn man das Zentralmassiv verlässt, erreicht man die sanften Hügel, die vom Westen bis zur Landesmitte, vom Poitou oder Berry bis Touraine reichen und damit das Herz Frankreichs darstellen. Sein mildes Klima, seine liebliche Landschaft, die Loire, seine Vegetationsvielfalt von den Sümpfen des Marais Poitevin, dort, wo Pierre Moinot seine Kindheit verbrachte und daher anfing, die Legenden und Geheimnisse der Wälder und Tümpel zu erzählen, wodurch wiederum George Sand zu wunderbaren Märchen inspiriert wurde, bis hin zu den Schönheiten des Anjou, der Heimat von Joachim du Bellay und Pierre de Ronsard, die die Schönheit Vendômes in ihren Gedichten lobten

Auch die Ziegen haben diese grünen Auen zu ihrer Heimat auserkoren, und die sechs Käsesorten mit AOC-Siegel werden allesamt aus ihrer Milch gemacht. Im Poitou und in Berry ist die älteste Ziegenrasse die Poitevine-Ziege – andere haben sich jedoch dazugesellt, vor allem die große weiße Saanen und die zähe gelbbraune Alpine-Ziege, die sich hier besonders gut durchgesetzt hat. Das gilt auch für Touraine, wo man die kleine genügsame, aus den Bergen stammende Ziege in Tours selektioniert weiter gezüchtet hat, damit sie sich den landschaftlichen Gegebenheiten und den vielschichtigen, kalkreichen Böden noch besser anpassen konnte. Das ist der Alpine-Ziege so gut gelungen, dass auch ein Großteil der Hirten von Chavignol bis Selles-Sur-Cher diese Rasse immer häufiger bevorzugt.

Der Name der Poitevine-Ziege verrät ihre Herkunft und das große Euter ihre ergiebige Milchproduktion.

Dank der landschaftlichen Unterschiede und der administrativen Zuordnung unterscheidet man drei Regionen: Poitou-Charente, Pays de Loire und Centre, was aber nicht bedeutet, dass dieses riesige Loire-Becken keine Einheit bildet, in der man die gute Lebensart schätzt, und dessen gemeinsames Symbol der allgegenwärtige Ziegenkäse ist.

Chavignol: der echte Crottin de Chevre

Ziege • **Weichkäse** • **Herkunft:** Berry, Sancerrois • **Durchmesser:** 4–5 cm • **Dicke:** 3–4 cm • **Gewicht:** 50–140 g • **Herstellung:** artisanal und Molkerei (laitière) • **Vollmilch**

Es ist schon ein wenig kühn, wenn nicht sogar ironisch, einen Ziegenkäse *crottin* (Pferdeapfel) zu nennen. Doch aufgepasst mit der Etymologie, die schon Rabelais amüsierte! Denn der besagte Crottin de Chèvre ist natürlich mitnichten das, woran man denken könnte. Vielmehr leitet sich das Wort von einer kleinen Öllampe aus gebranntem Ton ab, dem *crot*, dessen Form angeblich Pate für die Abtropfgefäße aus Steingut stand, die man früher zur Herstellung des Ziegenkäses verwendete. Denn die Geschichte des Chavignol reicht weit zurück. Wie weit, lässt sich nicht mit Sicherheit sagen, doch auf jeden Fall ist sein Ursprung eng mit den Weinbergen verknüpft. Soweit man weiß, ließen sich dort – genauer gesagt in Cosne-sur-Loire – im 14. Jahrhundert Mönche aus Burgund nieder und führten auf den Hügeln rund um Sancerre den Weinbau ein. Auf den steilen Hängen, wo das Geröll unter den Stiefeln knirschte, fanden die Ziegen genug Futter, und die Weinbauern entdeckten schnell, wie sich aus ihrer Milch ein Käse herstellen ließ, der ihnen als Grundnahrungsmittel diente. Als im 19. Jahrhundert die Reblaus viele Weinberge zerstörte, nutzte man die freigewordenen Parzellen als Weiden für die Ziegen und begann, die Tiere im großen Stil zu züchten. Heute erstreckt sich das Gebiet, in dem die Milch für den Crottin gewonnen wird, praktisch über das gesamte Departement Cher und die angrenzenden Departements Loiret und Nièvre. Mindestens 80 Prozent des Futters – nicht nur frisches Gras, sondern auch Heu, Gerste und Hafer – stammen aus dieser Region.

Natürlich erkennt man den Chavignol schon an seiner Form: Der kleine, zylindrische Käse mit den leicht gewölbten Rändern sieht auf den ersten Blick wie eine Feinschmeckerpraline aus. Unter der dünnen natürlichen Schimmelrinde verbirgt sich ein überraschend weißer, kompakter Teig. Dieser wird hergestellt, indem man die Milch bei 18 °C mit einer kleinen Menge Lab versetzt und anschließend 48 Stunden ruhen lässt, damit sich die Dickete bildet. Diese lässt man durch ein Leinentuch 24 Stunden lang abtropfen, bevor man die so gewonnene homogene

Masse in Formen mit Löchern füllt, die sogenannten *faisselles*. In diesen Formen verbleibt der frische Teig bis zum nächsten Tag und wird einmal gewendet. Nach dem Ausformen wird er glatt gestrichen und von allen Seiten gesalzen, bevor er zum weiteren Abtropfen auf Strohmatten gelegt wird und bei 10–12 °C mindestens 15 Tage reift. Dabei wird er häufig gewendet.

Je nach handwerklichem Geschick des Käsemeisters kann der Crottin während der Reifezeit sehr vielfältige Aromen entwickeln. So entscheidet dieser auch über die verschiedenen Stadien der Reifung: *demi-sec* nach einer zehntägigen Reifezeit, *coudré*, sobald der erste weiße Schimmelflaum sichtbar wird, *bleuté*, wenn der Schimmel dank des *penicillium roqueforti* eine blaugrüne Färbung annimmt, *bleu* nach einer einmonatigen Reifezeit und *très sec* (sehr trocken), wenn er noch länger gereift ist. Es sei denn, er ist, wie es in Sancerre noch üblich ist, sogar *repassé*, das heißt, in einem mit Weißwein oder Schnaps gefüllten Steingutgefäß ohne Lichteinfluss gereift, und hat dadurch einen sehr cremigen Teig und einen äußerst intensiven und scharfen Geschmack bekommen. Mit anderen Worten: Für jeden Geschmack gibt es den passenden Crottin.

Die Tipps des Käsemeisters

• Hier bietet sich ein weißer Sancerre aus der Region an. Wird ein Rotwein bevorzugt, so empfiehlt sich ebenfalls ein Sancerre.

• Das Reifen der Crottins in Steingutgefäßen ist sehr einfach: Man benötigt dafür lediglich einige frische Crottins, die man in ein luftdicht verschließbares Gefäß füllt und an einen dunklen, kühlen Ort stellt. Auf diese Weise kann man nach einigen Wochen einen vorzüglichen Käse genießen. Wer einen intensiveren Geschmack bevorzugt, kann das Gefäß natürlich auch mit Weißwein oder Schnaps auffüllen!

Die Crottins de Chavignol sind wahre Feinschmeckerpralinen, ob *demi-sec* unter einer bläulich gefärbten Rinde oder *coudré* und *très sec* unter einer braunen Rinde.

Der Chabichou hat die charakteristische Form eines konischen Stumpfes, und seine Rinde weist weißen oder bläulichen Schimmel auf. Ein kleiner Käse mit großartigem Geschmack.

Chabichou

Ziege • Weichkäse • Herkunft: Haut-Poitou • Durchmesser: 5–6 cm • Dicke: 6 cm • Gewicht: 150 g • Herstellung: Bauernhof (fermière) oder Molkerei (laitière) • Vollmilch

In der heiligen Familie der Käse, die entlang der Loire zwischen Pouligny-Saint-Pierre und Sainte-Maure ihr Refugium hat, nimmt dieser kleine Dreikäsehoch einen besonderen Platz ein. Der Chabichou ist zwar klein, aber dennoch geht seine Geschichte bis in die Zeit der arabischen Invasionen zurück. Die Sarazenen, die sich mit Frauen und Kindern im Poitou niedergelassen hatten, bevor sie von Charles Martel 732 bei Poitiers vernichtend geschlagen wurden, bezeichneten ihre Ziegen und den daraus gewonnenen Käse mit *chebli* nach dem arabischen Wort für Ziege, bevor die französischen Bauern das Wort *chou* ergänzten und den Käse *chou à chabi* nannten, was dann in Chabichou umgeändert wurde. Unter diesem Namen wurde er bereits 1782 schriftlich für seine Einzigartigkeit gelobt.

Seitdem hat sich seine Herstellung kaum verändert: Der aus der nach dem Melken mit Lab versetzten Milch gewonnene Bruch wird mit einer Kelle in die löchrigen Formen geschöpft, die das Aussehen konischer Stümpfe haben. Nach dem Ausformen und Salzen reift der Käse, der jetzt die Größe eines Apfels hat, mindestens zehn Tage, manchmal aber auch bis zu mehreren Monaten in einem Trockenraum. Danach weist seine feine Rinde einen weißen bis bläulichen Schimmel auf. Der Teig ist zunächst von feiner Konsistenz, wird aber mit zunehmender Reife immer fester und bröckeliger, ohne jedoch seinen cremig-milden und leicht säuerlichen Geschmack einzubüßen.

Die Tipps des Käsemeisters

- Im Haut-Poitou, der Heimat des Chabichou, wachsen auch weiße und blaue Reben, deren Wein wunderbar mit dem Käse harmoniert. Die Sauvignon-Weine sind mit Sicherheit die beste Wahl, aber auch kleine lokale Winzer gilt es zu entdecken, beispielsweise Neuville-de-Poitou, Dissay, Saint-Martin-la-Rivière …
- Der Chabichou schmeckt zu jeder Jahreszeit – auf einer Käseplatte genauso wie gegrillt mit etwas Toastbrot und einem Salat serviert.

Pouligny-Saint-Pierre

Ziege • **Weichkäse** • **Herkunft:** Indre • **Pyramide** mit einer Basis von 9 x 9 cm • **Höhe:** 12,5 cm • **Gewicht:** 250 g • **Herstellung:** Bauernhof (fermière) oder Molkerei (laitière) • **Vollmilch**

Wenn es einen Käse gibt, der optisch jederzeit sofort zu erkennen ist und damit sogar den Chabichou schlägt, so ist es der Pouligny-Saint-Pierre. Seine Form, die von den Bauern des Brenne-Tals im Berrichon schon seit Jahrhunderten unverändert beibehalten wird, sei, so sagt man, von dem Glockenturm ihrer Kirche inspiriert worden. Seit der Errichtung eines allerdings noch berühmteren Bauwerks trägt der Käse den Beinamen *tour Eiffel*. Er hat jedoch nicht nur einen hohen Wiedererkennungswert, er wurde 1972 auch als erster Ziegenkäse mit dem AOC-Siegel ausgezeichnet.

Die Provinz Berry profitiert von einem atlantischen Mikroklima mit milden Wintern und einer wald- und seenreichen Landschaft mit Sandsteinhügeln, auf denen wachsame Alpine-Ziegen weiden, deren Milchertrag zwar

Man sagt, die Bauern von Berry hätten sich vom Glockenturm ihrer Kirche inspirieren lassen, als sie dem Pouligny-Saint-Pierre seine unverwechselbare Form gaben.

Aufgrund ihrer Anpassungsfähigkeit an die landschaftlichen Gegebenheiten ist die Alpine-Ziege in Touraine längst zur Lieblingsziege der Züchter avanciert.

etwas geringer ist als der der Saanen-Ziegen, dafür duftet ihre fettreiche Milch jedoch wunderbar nach Heide und Heu. Das besondere Aroma dieser Milch findet man auch im Teig des Käses wieder, der nach dem Abtropfen, Ausformen und Salzen zum Trocknen auf Lattenroste oder Strohmatten gelegt wird, um dann mindestens zehn Tage lang, zu reifen, bis er die Farbe von Elfenbein annimmt, fest, aber dennoch elastisch wird und ein dezent nussiges Aroma mit Anklängen von Ziege und Stroh entwickelt.

Die Tipps des Käsemeisters

• Zum Pouligny-Saint-Pierre passt am besten ein trockener, fruchtiger Weißwein aus der gleichen Region – ein Reuilly, ein Touraine oder ein Sancerre oder, wenn man einen Rotwein bevorzugt, ein Bourgueil oder Chinon.
• Es gibt auch Poulignys, die in Trester mariniert und in Kastanien- oder in Platanenblätter gewickelt werden, wodurch sie einen besonders ausgeprägten Geschmack entwickeln.
• Gewürfelt passt der Käse wunderbar zu einem mit Walnussöl angemachten Blattsalat, ist aber auch warm auf Toast ein Genuss.

Valençay

Ziege • **Weichkäse** • **Herkunft:** Touraine • **Pyramide** mit einer Basis von 6,5 x 6,5 cm • **Dicke:** 6–7 cm • **Gewicht:** 250 g • **Herstellung:** Bauernhof (fermière) oder Molkerei (laitière) • **Rohmilch oder pasteurisierte Milch**

Man muss gar nicht in die Ferne schweifen, denn der dem Pouligny sehr ähnliche Valençay stammt ebenfalls aus dem südlichen Loire-Tal. Schon äußerlich ähneln sich die beiden Käse, nur fehlt der Pyramide des Valençay die Spitze, was angeblich darauf zurückzuführen ist, dass Napoleon nach seiner verheerenden Niederlage in Ägypten bei einem Besuch auf Schloss Valençay dem Käse mit dem Schwert die Spitze abschlug, um nicht an die ägyptischen Pyramiden erinnert zu werden. Eine andere Version besagt, dass Talleyrand, der Besitzer des genannten Schlosses, den Käse selbst köpfte, damit bei Napoleon keine unangenehmen Erinnerungen beim Anblick der kleinen Käse wachgerufen werden sollten.

Der Valençay mit seiner Edelschimmelrinde hat die Form einer geköpften Pyramide. Die fehlende Spitze tut dem Geschmack jedoch keinen Abbruch.

Seine Herstellung weist als Besonderheit auf, dass die mit geringen Mengen von Lab versetzte Milch von vier Melkvorgängen gemischt und die Dickete weder gebrochen noch gepresst, sondern direkt in die Formen gefüllt wird. Dann wird der Käse herausgenommen und mit Holzkohlenasche bestäubt. Nach einer mindestens einwöchigen Reifezeit (häufig reift er zwei bis drei Wochen) ist seine Oberfläche von einer dünnen weißgrauen bis blaugrauen Schimmelschicht bedeckt, und er entfaltet einen dezenten Duft nach Kirsche und einen leicht nussigen Geschmack.

Die Tipps des Käsemeisters

• Zum Valençay passt immer Valençay. Aber auch ein Saumur, ein Chinon und andere trockene Weißweine aus dem Berry und der Touraine empfehlen sich.
• Ein wunderbarer Käse zum Dessert, den man aber auch gewürfelt mit Chicorée-Salat und ein paar Walnüssen gut als Vorspeise reichen kann.

Selles-sur-Cher

Ziege • **Weichkäse** • **Herkunft:** Berry • **Durchmesser:** 9,5 cm • **Dicke:** 2,5–3 cm • **Gewicht:** 150 g • **Herstellung:** Bauernhof (fermière) und Molkerei (laitière) • **Vollmilch**

Das Örtchen Selles-sur-Cher strahlt mit der Kirche aus dem 12. Jahrhundert, den Ruinen des Schlosses Selles und der großen historischen Pfeilerbrücke, unter der die Cher träge dahinfließt, die Ruhe und die Lebensfreude einer Region aus, die durch mildes Klima, hügelige, sandige Buschlandschaften und saftige Wiesen geprägt ist – eine traumhafte Gegend für die Alpine-Ziegen, die dort ihre zweite Heimat gefunden haben. So entspricht auch der aus ihrer Milch gemachte Käse, der so heißt wie der Ort, genau dieser Umgebung. Der Selles-sur-Cher hat mit Sicherheit eine sehr lange Geschichte, wenngleich der Käse erst 1887 erstmals schriftlich erwähnt wurde. Heute jedenfalls ist er einer der berühmtesten Käse der Region.

Frische Ziegenmilch wird mit geringen Mengen von Lab versetzt und die Dickete nicht gebrochen, sondern mit der Kelle zum Abtropfen in gelochte Formen gefüllt, wodurch der Käse die abgeflachte konische Form mit nach außen gewölbten Rändern bekommt. Nach einer Reifezeit von mindestens zehn Tagen (vielerorts bis zu drei Wochen, was seinen Geschmack intensiviert) hat der Käse seine charakteristische bläulich-weiße Farbe. Blau, weil er in pulverisierter Holzasche gewälzt wird, und weiß, da das Innere aus einem weißen, mild, nussig und leicht nach Ziege schmeckenden Teig besteht.

Die Tipps des Käsemeisters

• Auf keinen Fall sollte man die Haut des Käses abschaben, da diese ihm sein charakteristisches Aroma verleiht und unbedingt mitgegessen werden muss.

• Wie für die anderen großen Käse dieser Region gilt auch für den Selles-sur-Cher, dass die beste Wahl ein Wein aus der Region ist: ein roter Chinon oder Bourgueil oder ein weißer Touraine. Besonders empfehlenswert ist ein Weißwein von einem lokalen Winzer ganz in der Nähe des Örtchens Selles-sur-Cher.
Wer ihn noch nicht kennt, sollte den Menetou-Salon unbedingt probieren.

Dank seiner geaschten Rinde und seines nach Ziege schmeckenden Teigs besitzt der Selles-sur-Cher eine ganz eigene Persönlichkeit.

Sainte-Maure de Touraine

Ziege • Weichkäse • Herkunft: Touraine • Durchmesser: 4,8 cm • Dicke: 2,8 cm • Gewicht: 250 g • Herstellung: Bauernhof (fermière) und Molkerei (laitière) • Vollmilch

Das Wort »Maure« im Namen dieses Käses lässt vermuten, der Saint-Maure habe maurischen Ursprung, und tatsächlich wird erzählt, die arabischen Frauen hätten nach der Niederlage ihrer Männer bei Poitiers den Bauern der Umgebung die Käseherstellung beigebracht. Zweifelsohne eine Legende, die jedoch keineswegs die Geschichte dieses einzigartigen Käses infrage stellt, der seit dem Mittelalter belegt ist. Seine Rollenform verdankt er den länglichen Formen, in die die Dickete gefüllt wird, ohne vorher gebrochen zu werden. In diesen Gefäßen tropft er zwei bis drei Tage langsam ab, bevor er ausgeformt, leicht gesalzen und abgetrocknet wird. Anschließend lässt man den Käse mindestens zehn Tage trocknen. Um den empfindlichen Käse zusammenzuhalten, steckt man einen Roggenstrohhalm durch seine Mitte, der den Teig zugleich belüftet.

Der in Tours geborene Schriftsteller Honoré de Balzac hat sehr für den »langen Käse mit dem Strohhalm« geschwärmt und erinnert sich sogar daran, »dass er in der Asche verbrannter Rebstöcke gewälzt wurde«. Heutzutage benutzt man für den Aschemantel pulverisierte Holzkohle. Die Asche verstärkt die blaugräuliche Färbung der natürlichen dünnen Edelschimmelrinde. Der glatte pastenartige Teig hingegen ist weiß bis elfenbeinfarben und hat einen unwiderstehlichen nussigen Geschmack.

Die Tipps des Käsemeisters

- Man sollte zunächst den Strohhalm aus der Mitte des Käses ziehen, bevor man den Saint-Maure in dicke Scheiben schneidet und genießt.
- Als Weine bieten sich ein Gamay de Touraine und ein weißer oder roter Chinon an.

Mit seinem Aschemantel aus pulverisierter Holzkohle und dem Strohhalm in der Mitte des zarten elfenbeinfarbenen Teigs hebt sich der Sainte-Maure de Touraine von den anderen Ziegenkäsen ab.

Weitere Käsesorten aus dem Poitou

Ziegenkäse

In der Lieblingslandschaft der Ziegen, in der die sechs Käsesorten mit AOC-Siegel einen Höhepunkt darstellen, behaupten sich noch weitere lokale Ziegenkäse, die durchaus mit ihren berühmten Verwandten konkurrieren können. Am besten ist es, durch das Poitou zu reisen und dabei nach und nach diesen Käsereichtum entlang der Route zu entdecken und sich einfach durch die herrliche Landschaft treiben zu lassen. Wer im Süden von Angoulème aus startet, trifft dabei unweigerlich auf den **Taupinière des Charentes.** Die Form des kleinen, nur vier mal vier Zentimeter großen Käses erinnert an die kleinen Erdhügel, die Maulwürfe anhäufen und denen er auch seinen Namen verdankt (*taupinière* = Maulwurfshügel). Ein köstlicher Käse mit einem feinen Ascheüberzug und einem milden, aromatischen Teig. In der Nachbarschaft findet sich der quadratische, sechs mal sechs Zentimeter große **Couhé-Vérac,** dessen nicht erhitzter Teig während des einmonatigen Reifens in ein Kastanienblatt gewickelt wird. Seine weiche und von hellbläulichem Edelschimmel überzogene Rinde umgibt einen pastenartigen Teig, dessen sanfte Konsistenz mit seinem würzigen Ziegenaroma kontrastiert. Ganz in der Nähe findet man im Poitou einen weiteren Käse mit weichem Teig, der ebenfalls einen Monat in einem Kastanienblatt gereift wird. Der **Mothais** hat jedoch neben seinem cremigen Teig eine zylindrische Form und eine kreidefarbene Rinde, die ihn in die Nähe einiger

Tommes aus dem Südosten rückt. Er ähnelt ihnen auf jeden Fall mehr als seinem nächsten Verwandten aus Sancerre, dem **Bouchon de Sancerre,** dessen Name *bouchon* (Korken) seine Form verrät und ihn dadurch trotz seiner geringeren Größe in die Nähe des Crottin de Chavignol rückt. Während seiner mehrmonatigen Reifezeit färbt sich seine Rinde bläulich, und sein elfenbeinfarbener Teig entwickelt ein mildsäuerliches Aroma. Deutlich dunkler hingegen ist der rechteckige **Pavé Blésois,** den man in pulverisierter Holzkohle wälzt und der während des zweiwöchigen Reifens eine dunkle Rinde entwickelt und einen weichen Teig bekommt. Reift er vier Wochen, wird der Teig fester und trockener, behält aber seinen wunderbar delikaten Geschmack.

Kuhmilchkäse

Auch wenn die Ziegen die Landschaft beherrschen, sollte der Kuhmilchkäse aus dem Herzen Frankreichs keinesfalls unerwähnt bleiben. In dem gewaltigen Becken, das die Loire mit ihren Nebenflüssen formt, gibt es exzellenten Kuhmilchkäse. Als Beweis dienen die drei traditionellen Käse. In Loiret findet man an den Ufern der Loire den Weichkäse **Olivet,** dessen Teig weder erhitzt noch gepresst wird. Der in einen Aschemantel gehüllte Käse wird meist auf Stroh in Spanschachteln gelagert, was ihm nach einer langsamen Reifung einen ganz speziellen Geschmack und einen leichten Schimmelgeruch verleiht, der mit zunehmendem Alter intensiver wird. Ein wenig milder und mittlerweile das ganze Jahr über erhältlich ist der **Pithiviers.** Bis vor kurzem wurde der Weichkäse noch ausschließlich im Sommer hergestellt und dann im Heu gelagert, damit er bis zur Weinlese haltbar war. Doch er hat sich den würzigen Geschmack nach getrocknetem Gras und einen leichten Schimmelgeruch bewahrt und schmeckt daher besonders gut zu einem gekühlten Sancerre. Fährt man die Loire entlang weiter bis nach Eure, kann man dort den unter einem Kastanienblatt gereiften **Dreux** entdecken. Der wenig fettreiche Käse (30 % Fett i. Tr.) bietet sich besonders als leckere kleine Zwischenmahlzeit an. Auch er entwickelt nach einer zwei bis dreiwöchigen Reifezeit unter seiner dunklen Rinde ein leichtes Schimmelaroma, das den Gaumen kitzelt.

Das Anjou: Wiesen und Wälder, ab und zu kleine Hügel, unberührte Natur.

Die Tipps des Käsemeisters

• Zu einem regional produzierten Käse passt am besten ein Wein aus der Umgebung, hierzu ein Sancerre, Muscadet, Haut-Poitou, Sauvignon Blanc oder Loire-Wein. Zum Dreux empfiehlt sich ein Chinon oder Saint-Émilion.
• Die meisten dieser Käse sind als Imbiss gedacht, egal, ob als zweites Frühstück oder nachmittags.

Linke Seite: Das mildsäuerliche Aroma des Bouchon de Sancerre verdient eine gute Flasche Sancerre als Begleitung.

Rechte Seite: Der Couronne Lochoise ist eine der Spezialitäten von Rodolphe Le Meunier, der zusammen mit Bernard Mure-Ravaud zum besten Käsemeister der Welt gekürt wurde.

Der Favorit des Käsemeisters

Couronne Lochoise: die Krone von Loches

Ziege • **Weichkäse** • **Herkunft:** Val de Loire • **Durchmesser:** 10 cm • **Dicke:** 3–4 cm • **Gewicht:** 180 g • **Herstellung:** Bauernhof (fermière) • **Rohmilch**

Es gibt in Touraine so viele exzellente Ziegenkäsesorten, dass man sich gar nicht vorstellen kann, weitere Käse zu entdecken, die mit den renommierten AOC-Käsen mithalten können. Und doch sollte man die Augen offen halten, um weitere einzigartige Käse aufzuspüren, wie beispielsweise den Couronne Lochoise. Allein seine Form, die eine Krone (*couronne*) darstellen soll, ist außergewöhnlich. Mit einem Durchmesser von gut zehn Zentimetern und dem Loch in der Mitte erinnert er ein wenig an amerikanische Donuts. Auch seine natürlich gewachsene Edelschimmelrinde hat eine außergewöhnliche graublaue Farbe. Aber am auffälligsten ist der cremig-sahnige Teig, der auf der Zunge zergeht, und der aromatische Geschmack, der an frische Wiesen erinnert und den Couronne Lochoise zu einem wahren Genuss nach einem gelungenen Mahl machen.

Die Tipps des Käsemeisters

• Zum Couronne Lochoise bietet sich ein trockener Weißwein aus Touraine an, aber auch ein Viognier de l'Ardèche passt hervorragend dazu.
• Für eine regionale Käseplatte empfehlen sich als Begleitung zum Couronne Lochoise zwei weitere artisanal hergestellte Käse: Der **Tour de Montbazon** ist ein Ziegenkäse mit einer konischen Stumpfform, die der des Turms von Montbazon ähnelt. Die dunkle Rinde entsteht durch eine Mischung aus pulverisierter Holzkohle und Salz. Der **Brebis Lochois** hingegen ist ein Schafskäse und damit eine Rarität im Land der Ziegen. Unter seiner natürlich gewachsenen bläulichen Rinde entwickelt sich ein dezentes Schafaroma.

Ein gekrönter Experte

Ungeschlagener Meister in der Herstellung des Couronne Lochoise und sämtlicher Käsesorten der Touraine ist mit Sicherheit Rodolphe Le Meunier, der zusammen mit Bernard Mure-Ravaud das Siegerteam beim Caseus Award (der Käseweltmeisterschaft) stellte. In der Touraine aufgewachsen, war er von Kindesbeinen an vom Duft des Ziegenkäses umgeben, den sein Vater verfeinerte. Genau wie seine Schwester folgte er bald der Familientradition und trat in die Fußstapfen seines Vaters. Doch für ihn beschränkt sich der Beruf des *fromager* nicht auf den Handel mit Käse. Neben seinem Geschäft »Fromages du Moulin« hat er unter den Markthallen von Tours auf einer Fläche von 400 Quadratmetern einen Käsekeller eingerichtet, um die Reifung der Käse optimal überwachen zu können.

Doch damit nicht genug – um dem Geschmack der Käse aus der Touraine und anderenorts noch ein i-Tüpfelchen aufzusetzen, engagiert er sich als Feinkosthändler für ungewöhnliche gastronomische Konzepte und entwickelt Spezialitäten wie eine Mousseline de Brie de Meaux mit Trüffeln, eine Espuma vom Selles-sur-Cher auf Rote-Bete-Gelee und sogar Sushis mit Käse.
Die Jury des Caseus Award und ihr Präsident Michel Troisgros waren von der Präsentation des Duos Le Meunier und Mure-Ravaud absolut hingerissen, da es den beiden gelang, den von ihnen gewählten Käse – einen alten Comté – bühnenreif zu präsentieren und mit Osietra-Kaviar und einem Vin Jaune zu einem absolut perfekten Dreiklang verschmelzen zu lassen.

Olivenkuchen mit Selles-sur-Cher

Für 4–8 Personen
1 nussgroßes Stück Butter
1 fester Selles-sur-Cher
50 g halbgetrocknete Tomaten
125 g schwarze Oliven, entsteint
3 Eier
¼ TL feines Salz und Pfeffer
5 EL Olivenöl
100 ml Vollmilch
200 g Mehl
1 Päckchen Trockenhefe
½ TL Fleur de Sel

Den Ofen auf 175 °C vorheizen und eine Kastenform mit Butter ausstreichen. Den Käse von der Rinde befreien, in 5 mm dicke Scheiben schneiden und dann würfeln.
Die Tomaten und Oliven in kleine Stückchen schneiden.
Die Eier in eine Schüssel geben, mit dem Salz und frisch gemahlenem Pfeffer würzen und so lange mit dem Schneebesen schlagen, bis sie ihr Volumen verdoppelt haben. Unablässig mit dem Schneebesen weiterschlagen und dabei zunächst das Olivenöl langsam einrühren, danach die Milch und schließlich das gesiebte Mehl sowie die Trockenhefe. So lange schlagen, bis ein glatter Teig entsteht, und dann die Tomaten, die Oliven und den Käse zugeben und mit einem Holzlöffel unterrühren.
Den Teig in die Form geben, mit Fleur de Sel bestreuen und 50 Minuten im auf 200 °C vorgeheizten Ofen backen. Dann aus der Form stürzen und noch 5 Minuten unter dem Backofengrill goldbraun werden lassen. Lauwarm oder kalt servieren.

Gebackener Chavignol

Für 4 Personen
4 halbtrockene Crottin de Chavignol
8 Scheiben Toastbrot
1 Knoblauchzehe, halbiert
1 Friséesalat
Vinaigrette aus Walnussöl und Weißweinessig

Die Rinde der Käse entfernen und jeden Käse waagerecht halbieren.
Die Brote jeweils nur von einer Seite rösten und diese Seite anschließend mit Knoblauch einreiben. Auf die nicht gerösteten Seiten jeweils einen halben Käse legen und die Käsebrote bei 180 °C im Ofen backen, bis der Käse schmilzt und leicht bräunt.
Die Käsebrote heiß auf einem mit einer Vinaigrette aus Walnussöl und Weißweinessig beträufelten Salatbett servieren.

Auberginenscheiben mit Saint-Maure

Für 2 Personen
1 Aubergine
Olivenöl
1 Sainte-Maure de Touraine, in Scheiben geschnitten
aromatische Kräuter (beispielsweise Thymian, Rosmarin)

Die Aubergine quer in 5 mm dicke runde Scheiben schneiden und diese auf ein mit Backpapier ausgelegtes Backblech geben. Die Auberginenscheiben mit Olivenöl bepinseln und im auf 200 °C vorgeheizten Ofen goldbraun backen.
Anschließend auf jede Auberginenscheibe eine Scheibe Sainte-Maure legen und mit Kräutern bestreuen. Weitere 2 Minuten im Ofen backen, bis der Käse schmilzt. Mit knusprigem Baguette heiß genießen.

Räucherlachs mit Sainte-Maure

Für 4 Personen
1 Gurke
Salz und weißer Pfeffer
2 EL Sonnenblumenöl
1 EL Weißweinessig
1 Sainte-Maure de Touraine
100 g Räucherlachs, in Streifen geschnitten

Die Gurke schälen, in feine Scheiben schneiden, mit etwas Salz bestreuen und kühl stellen.
Aus dem Öl und Essig eine leichte, ungesalzene Vinaigrette herstellen und den Sainte-Maure in dicke Scheiben schneiden. Die Gurkenscheiben trocken tupfen und auf vier Teller verteilen. Die Gurken mit den Käsescheiben belegen und mit Lachsstreifen garnieren. Mit etwas Vinaigrette beträufeln und sparsam mit weißem Pfeffer würzen. Kalt mit einem trockenen Weißwein, beispielsweise einem Pouilly-sur-Loire, servieren.

Kartoffelauflauf mit Chabichou

Für 6 Personen
1 Wirsing
1 TL Speisenatron
2 EL grobes Salz
1,2 kg festkochende Kartoffeln
(vorzugsweise Belle de Fontenay)
6 EL Crème fraîche
6 Chabichou
1 TL feines Salz

7–8 schöne Kohlblätter vom Strunk befreien, 4 Minuten in kochendem und mit Natron (damit die Blätter schön knackig bleiben) versetztem, mit 1 Esslöffel grobem Salz gewürzten Wasser blanchieren, in Eiswasser abschrecken (damit die Blätter ihre Farbe behalten) und abtropfen lassen.
Die Kartoffeln schälen, in einem Topf mit kaltem Wasser bedecken, 1 Esslöffel grobes Salz zugeben, aufkochen lassen und zugedeckt 10 Minuten kochen lassen.
Den Ofen auf 180 °C vorheizen.
Eine etwa 30 cm große Auflaufform mit den gut abgetropften Kohlblättern komplett auslegen und die Blätter an den Rändern überstehen lassen.
Die Kartoffeln abtropfen lassen und in 5 mm dicke Scheiben schneiden. Die Hälfte der Kartoffelscheiben auf die Kohlblätter legen und mit der Hälfte der Crème fraîche bestreichen. Die kleinen Käse daraufsetzen und mit etwas feinem Salz bestreuen. Mit den restlichen Kartoffelscheiben bedecken und die übrige Crème fraîche daraufstreichen.
Den Auflauf mit den überstehenden Kohlblättern bedecken (notfalls 1–2 weitere Blätter zusätzlich nehmen). Zwischen den Deckel der Auflaufform und die Kohlblätter eine Schicht Backpapier legen, damit die Blätter nicht verbrennen. Den Auflauf 45 Minuten im heißen Ofen backen und heiß servieren.
Dazu nach Belieben etwas rohen Schinken reichen, und schon haben Sie eine komplette Mahlzeit.

Käseterrine mit Valençay

Für 8–10 Personen
200 g Butter
125 g Mehl
1 ½ l Milch
1 Knoblauchzehe, zerdrückt
2 cl Cognac
1 Prise Muskatnuss
Salz und Pfeffer
200 g trockener Ziegenkäse, gerieben
350 g Crème fraîche
15 Blatt Gelatine
8 Eigelb
250 ml trockener Weißwein
3 halbtrockene Valençay, in feine Scheiben geschnitten
reichlich frisch gehackte Kräuter (vorzugsweise Schnittlauch, Kerbel, Petersilie und Estragon)
200 g roher Schinken, fein gewürfelt
300 g Quark

Aus der Butter, dem Mehl und der Milch eine Béchamelsauce herstellen und mit der zerdrückten Knoblauchzehe, dem Cognac, Muskatnuss, Salz und frisch gemahlenem Pfeffer würzen.
Den Ziegenkäse und 250 g Crème fraîche einrühren und sanft erhitzen, bis der Käse geschmolzen ist. Die Gelatine in kaltem Wasser einweichen, gut ausdrücken und vorsichtig unterrühren. Zum Schluss die Eigelbe und den Weißwein untermischen.
Den Boden einer Terrinenform mit etwas Béchamelsauce bedecken und darauf eine Schicht Käsescheiben und eine Schicht Béchamelsauce geben. Anschließend jeweils eine Schicht frisch gehackte Kräuter und Sauce in die Form füllen. Danach den Schinken darauf verteilen und mit einer Schicht Béchamelsauce abschließen. Mit dem restlichen Käse belegen und die Terrine im Wasserbad bei mittlerer Temperatur 50 Minuten garen.
Über Nacht abkühlen lassen und am nächsten Tag eine Sauce zubereiten. Dafür den Quark und die restlichen 100 g Crème fraîche mit dem Schneebesen verschlagen und Kräuter, Salz und frisch gemahlenen Pfeffer untermischen.
Die Terrine in Scheiben schneiden und jede Scheibe mit etwas Sauce und einem dekorativen Salatblatt servieren.

Terrine mit Tomatenconfit und Pouligny-Saint-Pierre

Für 4 Personen
2 kg reife Tomaten
100 ml Olivenöl
50 g Puderzucker
½ TL Thymian | Salz und Pfeffer
1 Pouligny-Sainte-Pierre (250 g)
1 EL Honig
100 g schwarze Oliven, entsteint und gehackt

Den Ofen auf 150 °C vorheizen. Die Tomaten mit kochendem Wasser überbrühen, häuten, längs vierteln und Samen und Stielansätze entfernen.
Die Tomatenviertel dicht nebeneinander auf ein mit Backpapier ausgeschlagenes Backblech legen, mit dem Olivenöl beträufeln, mit dem Puderzucker bestreuen und 2 Stunden im Ofen backen.
Die Tomaten abkühlen lassen und die Hälfte davon in einer dicken Schicht auf dem Boden einer Terrinen- oder Kastenform verteilen. Mit Thymian, Salz und frisch gemahlenem Pfeffer bestreuen.
Den Käse mit einer Gabel zerdrücken, mit dem Honig mischen und die Hälfte davon über die Tomaten geben.
Die Oliven auf dem Käse verteilen und darauf den restlichen Käse und die restlichen Tomaten geben. Mit Salz und frisch gemahlenem Pfeffer bestreuen und etwas von der Garflüssigkeit der Tomaten darübergeben. Die Terrine mit der gewölbten Seite eines Kochlöffels etwas zusammenpressen und mindestens 6 Stunden kalt stellen. Anschließend in der Form servieren. Nach 12 Stunden kann man die Terrine vor dem Servieren auch aus der Form stürzen.

Käsetarte mit Crottin de Chavignol

Für 4–6 Personen
2 Eier plus 1 Eigelb | 200 g Crème fraîche
3 trockene Crottin de Chavignol, gerieben
Salz und Pfeffer
1 salziger Mürbeteig (aus 250 g Mehl,
½ TL Salz, 125 g Butter und 80 ml eiskaltem Wasser)

In einer Schüssel die beiden Eier mit der Crème fraîche verquirlen, den Käse untermischen und die Masse mit Salz und frisch gemahlenem Pfeffer würzen.
Eine Tarteform mit der Hälfte des Teigs auslegen und die Käsemischung darauf verteilen. Die zweite Teighälfte dünn ausrollen und die Käsemasse damit bedecken. Die Ränder gut festdrücken und die Teigoberfläche mit dem Eigelb bestreichen.
Die Tarte in den auf 220 °C vorgeheizten Ofen schieben, die Hitze auf 180 °C reduzieren und etwa 1 Stunde backen, bis der Teig goldbraun, aber nicht dunkel ist. Heiß servieren.

Schweinemedaillons mit Crottin de Chavignol

Für 4 Personen
4 Schweinemedaillons
Butter und Öl zum Braten
Salz und Pfeffer
4 Schnapsgläser Cognac
4 cl Sancerre
4 Crottin de Chavignol

Die Schweinemedaillons in etwas Butter und Öl bei hoher Temperatur anbraten und nur kurz garen, damit sie innen saftig und rosa bleiben. Mit Salz und frisch gemahlenem Pfeffer würzen. Das Fleisch aus der Pfanne nehmen.
Den Bratensaft in der Pfanne mit dem Cognac ablöschen, den Weißwein unterrühren und kurz einkochen lassen.
Gleichzeitig die Käse auf einem mit Butter ausgestrichenen Teller im Ofen erwärmen. Zum Servieren jeweils ein Schweinemedaillon auf einen Teller geben und mit etwas Sauce beträufeln. Auf jedes Medaillon einen heißen Käse setzen, der gerade anfängt, etwas zu verlaufen.
Gut dazu passt ein mit Walnussöl angemachter Salat und ein kräftiger Rotwein, beispielsweise ein Cornas oder ein Saint-Estèphe.

Carpaccio vom Selles-sur-Cher mit Basilikum

Für 4 Personen
4 Tomaten
2 Selles-sur-Cher
1 Bund Basilikum
Salz und Pfeffer
150 ml Olivenöl

Die Tomaten 15 Sekunden in heißes Wasser tauchen, häuten und klein würfeln.
Den Käse in feine Scheiben schneiden.
Die Basilikumblätter abzupfen, in eine kleine Schüssel geben, etwas Salz zugeben und das Olivenöl darübergießen. Im Mixer oder mit dem Pürierstab pürieren. Die gewürfelten Tomaten mit Salz, frisch gemahlenem Pfeffer und 2 Esslöffeln Basilikumpüree würzen.
Die Käsescheiben auf vier Tellern verteilen und mit dem restlichen Basilikumpüree bepinseln. Ein paar gewürzte Tomatenwürfel in die Mitte jedes Tellers geben und das Carpaccio kalt servieren.

Carpaccio vom Selles-sur-Cher mit Basilikum.

VON DER BRETAGNE IN DIE NORMANDIE

Der Nordwesten Frankreichs

Zwei ungleiche Schwestern: die eine abweisend, stolz, von Wind und Stürmen geprägt; die andere friedlich, ein Bild aus bunten Knicklandschaften und blühenden Apfelbäumen. Auch die Menschen haben nicht den gleichen Charakter: Die einen sind dickköpfig, die anderen eher unschlüssig. Aber alle haben das Meer vor der Tür; und den Käse als Schatz im Keller, in der Bretagne verborgener, in der Normandie offensichtlicher.

RAUE BRETAGNE MILDE NORMANDIE

Rechte Seite: Fett wie die Weiden, auf denen sie grasen: die schönen Normannischen Rinder, die Boudin so liebte.

Kurs auf die Bretagne in Richtung Normandie zu nehmen, bedeutet, eine Küste zu betrachten, bei der schon die Natur etwas über den Geist zweier ebenso nahe beieinanderliegender wie unähnlicher Provinzen aussagt. Die eine reicht von den sanften Hängen der Küste des Morbihan im Südwesten bis ins Finistère ganz im Nordwesten, ein Gebiet aus Fels und Wind von herber Rauheit, wo die Kräfte der Natur die Menschen geformt haben. Als vorgerückte Landspitze, wie ein Sporn, den man in den Ozean gestoßen hat, ist die Bretagne ein Land des Wassers, aber mit ihren Heide- und Weidelandschaften auch ein Land des Bodens, reich an Rinderzucht und somit auch an Käse. Obwohl in der Bretagne kein AOC-Siegel zu Hause ist, erweist sie sich für denjenigen, der sich auskennt und die richtigen Adressen weiß, als ein Land der charakteristischen Käsesorten, die noch weitgehend unentdeckt sind.

Aber wie könnte sie auf diesem Gebiet gegen die Normandie ankommen? Entlang des Ärmelkanals, wo sich unterhalb der Steilhänge endlose Strände erstrecken und das Licht die Maler inspiriert, sind die Weiden fett. Die von Maupassant so geliebte Bocage-Landschaft ist ein ideales Gebiet für die angepasste, massige Normannische Rasse, die Boudin so schön malte und die von den Rindern abstammt, welche die Wikinger im 9. und 10. Jahrhundert hierherbrachten.

Heute teilt sie sich die Wiesen mit dem Holstein-Rind, der unbestrittenen Königin bei der Milchproduktion. Die Provinz wird vom Pays d'Auge bis zum Pays de Bray von einem milden, feuchten Klima begünstigt, in dem man die Rinder schon sehr früh zum Grasen auf die Weiden lassen kann. Es überrascht daher nicht, dass hier so vielfältige Käsesorten entstehen (nicht weniger als vier AOC-Siegel auf ein paar hundert Kilometern); und es verwundert ebenso wenig, dass die Milde der Landschaften aus Erde und Meer sich in den Milchprodukten wiederfindet, die wie die Milch und Sahne aus Isigny den Reichtum ihres Herkunftsgebietes in sich tragen.

In der Normandie liegt das Glück auf der Wiese, vor allem für die Kühe …

Camembert: Das duftet so gut nach Frankreich …

Kuh • Weichkäse mit flaumiger Rinde • **Herkunft:** Normandie • **Durchmesser:** 10–11,5 cm • **Dicke:** 3 cm • **Gewicht:** 250 g • **Herstellung:** Bauernhof (fermière) und Molkerei (laitière) • **Rohmilch**

Zusammen mit seinen beiden Gefährten, dem Baguette und der Baskenmütze, hat der Camembert das Privileg, so ziemlich überall in der Welt als Wahrzeichen Frankreichs zu gelten. Ein sicherlich etwas klischeehaftes Bild, das aber trotzdem treffend zeigt, dass sich die Franzosen in diesem typischen Käse selbst mehr und besser wiedererkennen als in jedem anderen. Liegt es an seiner Herkunft? Vielleicht zum Teil, da er während der Revolution entstand, nämlich 1791, als ein Pfarrer aus Île-de-France auf seiner Flucht vor der Schreckensherrschaft der Jakobiner nach Camembert kam, zu einer Bäuerin namens Marie Harel. Der Geistliche hatte Erfahrung mit einem ebenfalls sehr bekannten Käse, dem Brie, und erklärte der Frau, wie dieser hergestellt wurde; diese wandte die Methode sogleich auf den Käse an, der in der Region von jeher erzeugt wurde. Aus diesem Bund zweier Käsespezialitäten aus zwei berühmten Herkunftsgebieten ging der Camembert de Normandie hervor. Er unterscheidet sich auch optisch von allen anderen, seit 1880 ein Ingenieur namens Ridel die Idee hatte, eine besondere Verpackung für ihn zu erfinden: eine runde Spanschachtel, die seither sein Wahrzeichen ist.

Was lässt sich nun vom Camembert sagen, außer dass er als Erzeugnis der Normandie ihren Charakter ausdrückt, vor allem seit durch die kontrollierte Herkunftsbezeichnung glücklicherweise alle industriellen Ver-

suche unterbunden wurden, ihn über allmähliche Änderungen und Verfälschungen zu einem geschmacklosen, anonymen Gummikäse zu machen? Heute wird der echte Camembert wieder in seiner normannischen Heimat auf traditionelle Weise hergestellt: aus Rohmilch, mit der Hand geschöpft und ohne Druck abgetropft. Vier bis fünf Stunden nachdem er in die Form gefüllt wurde, wird er gewendet, am nächsten Tag aus der Form genommen, leicht gesalzen und einen weiteren Tag langsam getrocknet. Dann wird er in den Reiferaum gebracht, wo er jeden zweiten Tag gewendet wird und mindestens drei Wochen bleibt. Nach 15 Tagen ist seine Rinde mit einer weißen Schicht überzogen; nun ist er, wie man in Frankreich sagt, *moussé blanc*, aber es dauert noch gute zwei Wochen, bis er *à point* gereift ist. Auf Fingerdruck und mit der Nase wählt man ihn aus. Unter der leicht flaumigen Kruste mit weißem Überzug, der sich im Lauf der Zeit rötlich verfärbt, zeigt er einen geschmeidigen, cremigen Teig mit stark fruchtigem Bouquet, das sogar streng werden kann, wenn man ihn etwas altern lässt.

Die Tipps des Käsemeisters

- Es ist schwierig, den richtigen Camembert auszuwählen. Ein Daumendruck, um zu testen, ob er nachgibt, ein Schnuppern, um den Reifegrad festzustellen: Eine bessere Methode gibt es nicht. Und im Kopf zu behalten, dass industrielle Käsereien zwar gute Qualität bieten, aber nichts einem traditionell hergestellten Camembert gleichkommt.
- Beaujolais, Saint-Émilion, Saint-Estèphe: Fruchtige Rotweine passen gut zu Camembert. Man sollte auch nicht vergessen, dass er sehr gut zu einem flaschengegärten Cidre, *cidre bouché,* aus der Normandie passt.

Der Camembert – in gewisser Weise die Identität Frankreichs. Jährlich werden über 50 Millionen Stück hergestellt.

Pont-l'Évêque

Kuh • Weichkäse mit gewaschener Rinde • **Herkunft:** Pays d'Auge, Normandie • **Größe:** quadratisch mit 10–11 cm Seitenlänge • **Dicke:** 3 cm • **Gewicht:** 350–400 g • **Herstellung:** Bauernhof (fermière) und Molkerei (laitière) • **Rohmilch oder pasteurisierte Milch**

Der Pont-l'Évêque trägt bereits im Namen (*évêque* = Bischof) eine Art bischöfliche Weihe. Sein Ursprung in der kleinen Stadt, nach der er benannt ist, steht wahrscheinlich mit dem Kloster in Verbindung. Und der Name »Angelot« (Engel), den er ursprünglich trug, weist ebenfalls darauf hin, dass er etwas mit dem Himmel zu tun hat ... Aus »Angelot« wurde im 16. Jahrhundert »Augelot«, er geht auf Siegeszug nach Paris und wird schließlich Ende des 17. Jahrhunderts unter dem Namen Pont-l'Évêque berühmt.

Traditionell stellte man ihn auf Bauernhöfen aus frisch gemolkener, noch warmer Milch her; heute kühlt die Milch auf dem Transport zur Molkerei ab. Aber die Herstellung erfolgt traditionell wie auf dem Bauernhof: Die Milch wird auf maximal 40 °C erhitzt und dickgelegt; die entstehende Dickete wird mit der Käseharfe zerschnitten und gerührt, danach in quadratische Formen gefüllt. Während des Abtropfens wird er einmal gewendet, danach jeden Tag, bis man ihn aus der Form nimmt und für fünf Tage auf Horden legt. Dann wird er gesalzen, mehrmals gewaschen, gebürstet, und am Ende einer zwei- bis sechswöchigen Reifung entwickelt sich die schöne ockerfarbene, mehr oder weniger dunkle Rinde, deren Oberfläche von parallelen Streifen durchzogen ist und unter der sich ein weicher, geschmeidiger Teig mit feinem Geschmack, der am Gaumen haften bleibt, verbirgt. Dafür geht selbst ein Bischof durchs Feuer!

Weicher, cremiger Teig unter einer schön ockergelben Rinde: Eine Scheibe Pont-L'Evêque ist stets ein Genuss.

Die Tipps des Käsemeisters

• Wenn Ihr Pont-l'Évêque nicht reif genug ist, wickeln Sie ihn in Zeitungspapier, legen ihn in ein geschlossenes Gefäß und lassen ihn einen halben Tag in einem kühlen Raum stehen. Ist dagegen der Geschmack zunächst etwas zu streng, schlagen Sie ihn vor dem Servieren in ein feuchtes Tuch ein und legen ihn für einen halben Tag ebenfalls in einen kühlen Raum; so verliert er sein. Aggressivität.
• Um die ganze Feinheit des Pont-l'Évêque zu genießen, sollte man die Rinde entfernen.
• Als Getränk reicht man dazu einen Bourgeuil, einen Pomerol, einen Volnay, oder man versucht einen in klassischer Flaschengärung hergestellten Cidre, einen *cidre bouché*.

Livarot

Kuh • Weichkäse mit gewaschener Rinde • **Herkunft:** Pays d'Auge, Normandie • **Durchmesser:** 12 cm • **Dicke:** 5 cm • **Gewicht:** 350–500 g • **Herstellung:** artisanal und Molkerei (laitière) • Rohmilch oder pasteurisierte Milch

Schon der aus Rouen stammende Dramatiker Corneille erwähnte ihn: Der Livarot hat also literarische Weihen ... Mit seinem Nachbarn aus Pont-l'Évêque hat er vieles gemeinsam; er stammt ebenfalls aus dem Pays d'Auge, ist wie dieser sehr alt, wahrscheinlich aus dem Mittelalter, und ging ebenso im 17. Jahrhundert auf Siegeszug nach Paris, überholte ihn jedoch im 19. Jahrhundert, als er zum meistverzehrten Käse der Normandie wurde und, von zwei findigen Herstellern verfeinert, die die astronomische Zahl von 4,5 Millionen Stück pro Jahr produzierten, wegen seiner Nahrhaftigkeit den Spitznamen »Fleisch des Arbeiters« erhielt. Ein weiterer Spitzname bezeichnet ihn als *le colonel*, eine Anspielung auf die fünf Riedgrashalme, mit denen er umwickelt ist.

Der Livarot, schön mit Riedgrashalmen umschnürt, zeigt unter seiner runden Form einen außerordentlich starken Charakter.

Der echte Livarot (es gibt ihn groß, dreiviertel, klein und viertel) hat zwölf Zentimeter Durchmesser und ist fünf Zentimeter dick. Bei der Herstellung lässt man den in Würfel geschnittenen Käsebruch leicht abtropfen, bevor er für einen Tag in die Form gegeben wird, die man mehrmals wendet. Dann wird der Käse aus der Form genommen, von allen Seiten gesalzen und kommt für mindestens drei Wochen in den Keller. Während dieser Zeit wird er dreimal gewendet, mit klarem oder ganz schwach gesalzenem Wasser gewaschen und mit Riedgrashalmen umwickelt, die ein Verlaufen des reifen Teigs verhindern sollen. Die Rinde verfärbt sich orangebraun mit weißen Streifen, und der leicht elastische gelbeTeig entwickelt eine unvergleichliche Kraft, die die Nase umschmeichelt, bevor sie der Gaumen entdeckt.

Die Tipps des Käsemeisters

• Der ausgeprägte Charakter des Livarot passt ideal zu charaktervollen, kräftigen Weinen wie einem Pommard oder einem Corbières. Auch ein Weißwein aus dem Elsass ist einen Versuch wert.
• Wie sein Nachbar, der Pont-l'Évêque, eignet er sich für Käseplatten und wird vorzugsweise im Herbst und Winter verzehrt.

Der Neufchâtel, ein herzhafter Weichkäse mit Weißschimmelrinde aus Kuhmilch.

Neufchâtel

Kuh • Weichkäse mit flaumiger Rinde • Herkunft: Pays de Bray • Form und Gewicht: verschieden • Dicke: 2,4–8 cm • Herstellung: Bauernhof (fermière), artisanal und Molkerei (laitière) • Rohmilch oder pasteurisierte Milch

Im Gegensatz zu den anderen Käsen der Normandie, die, wie der Camembert oder der Pont-l'Évêque, ihre immer gleiche runde beziehungsweise eckige Form behalten, präsentiert sich der Neufchâtel in einer ganzen Formenvielfalt: als Rolle, quadratisch, kastenförmig, als Herz ... Er muss sich auch nicht um die Erscheinungsform seiner Gesellen sorgen, denn er ist älter als sie alle. Bereits 1035 macht er von sich reden, als der Lehnsherr von Gornay der Abtei von Sigy den Käse-Zehnten erlässt. Seine Herzform verdankt er angeblich den jungen Mädchen der Gegend, die einen Käse verschenkten, mit dem sie ihre Gefühle für die englischen Soldaten ausdrücken wollten, welche die Normandie besetzt hielten.

Aber wie auch immer, der Neufchâtel und sein Herz haben die Jahrhunderte durchschritten, und ebenso wie seine Erscheinungsweise durch die Form bestimmt wird, kann deren Verschiedenheit sich auch auf den Geschmack des Käses auswirken, da sie den Gerinnungsprozess verändert. Die Milch wird direkt nach dem Melken dickgelegt und ergibt einen Käsebruch, der rund zwölf Stunden auf einem Leinentuch abtropft; danach wird er gepresst und geimpft, das heißt mit Stücken von frischem, mit Schimmelrasen bedecktem Neufchâtel vermengt. Geknetet wird er mit der Hand oder maschinell, bis ein gleichmäßiger Teig entsteht. Erst dann wird er in die verschiedenen Formen gegossen, gesalzen und mindestens für zehn Tage in den Reiferaum gebracht, wo er bis zu mehreren Monaten bleiben kann. Dabei verstärkt sich der leicht salzige Geschmack, der von einer erdigen Note unterstrichen wird, aber unter der weißflaumigen Rinde bewahrt er seine glatte, weiche Konsistenz.

Die Tipps des Käsemeisters

• Man schneidet den Neufchâtel immer so auf, dass an jeder Scheibe ein Stück Rinde bleibt.
• Als Begleitung passt ein fruchtiger Rotwein (z. B. Beaujolais oder Côtes-du-Rhône Villages.) Auch ein gut gekühlter flaschengegärter Cidre, ein *cidre bouché*, ist perfekt.

Andere Käsesorten

Seit es den echten Port-Salut nicht mehr gibt, der von den Mönchen der Abtei Port-du-Salut in Entrammes hergestellt wurde, ist dieser Kuhmilchkäse – mit gepresstem, ungekochtem Teig und gewaschener Rinde – nur noch vereinzelt zu bekommen; er wird in einigen Abteien hergestellt, die die Methode an ihre Erfahrungen angepasst haben: Der Timadeuc ist, wie wir gleich sehen werden, das beste Beispiel dafür, der ebenfalls bretonische **Abbaye de la Coudre** ein weiteres. In der gleichnamigen Abtei wachen die Nonnen vier bis sechs Wochen über die Reifung eines runden, acht Zentimeter großen und zweieinhalb Zentimeter dicken Käses, dessen weicher Teig im Mund einen äußerst feinen Geschmack entfaltet. Die Nonnen der **Abbaye de La Joie Notre-Dame** in Campénéac stellen ebenfalls einen runden Käse dieses Typs her, dessen Rinde den gleichen Orangeton aufweist, während der Teig ebenso cremig-fein schmeckt.

Obwohl er sich ebenfalls unter einem kirchlich klingenden Namen präsentiert, kommt der andere bretonische Käse, der beweist, dass die Region keine Wüste für Käseliebhaber ist, nicht aus dem Kloster: Der **Curé Nantais**, ebenfalls ein Käse aus roher Vollmilch von der Kuh, wurde im 19. Jahrhundert von einem Landwirt aus einem Dorf bei Nantes erfunden, und zwar anhand eines Rezepts, das ein savoyardischer Priester (*curé* = Priester) mitgebracht hatte, der sich während der Revolution dem Aufstand der Vendée anschloss. Der Käse zeigt sich in Form eines kleinen Quadrats mit neun Zentimetern Seitenlänge und drei Zentimetern Dicke mit gleichmäßig rötlich-gelber, glatter und feuchter Rinde, die kleine Löcher aufweist und einen weichen Teig mit charakteristischem Geschmack verbirgt.

Dies gilt nicht für den einzigen Käse der Normandie, dem es wirklich gelungen ist, sich neben den vier großen Käsen aus der Region mit AOC-Siegel einen Namen zu machen. Seinen Namen, **Brillat-Savarin**, verdankt er einem der großen Küchenkenner des 18. Jahrhunderts, Jean-Anthelme Brillat-Savarin, der eigentlich nichts mit dem genannten Käse zu tun hat; er erhielt seinen Fantasienamen erst in den 1930er Jahren. Heute wird er nur noch in der Molkerei hergestellt

Der Brillat-Savarin: ein betörend nach Sahne duftender Käse.

Die Kühe lieben die Wiesen der Bocage-Landschaft der Normandie.

(nicht mehr nur in der Normandie, sondern auch in Burgund, vor allem als *brillat-savarin truffé*) und hat die Form einer zwölf bis dreizehn Zentimeter langen und vier Zentimeter dicken Rolle. Der Käse aus mit Sahne angereicherter Kuhmilch überzieht sich während der drei- bis vierwöchigen Reifezeit mit einem leichten weißen Flaum; die Rinde bleibt weiß, wird jedoch bei längerer Reifung leicht orangefarben. Der Teig ist cremig ohne stärker hervortretenden Eigengeschmack, weshalb er den dazu servierten Wein ideal zur Geltung bringt.

Die Tipps des Käsemeisters

• Zu den Käsen aus den verschiedenen bretonischen Klöstern wählt man leichte Rotweine: einen Gamay de Touraine oder Weine au. Anjou. Oder man entscheidet sich für trockene weiße Landweine: einen Muscadet oder auch einen Gros Plant du Pays Nantais.
• Zu Brillat-Savarin entfalten alle leichten, fruchtigen Weine sehr schön ihre Aromen. Man kann es sogar mit einem charaktervollen Champagner aus Cru-Lage versuchen.

Der Favorit des Käsemeisters

Timadeuc: natur oder mit Walnuss ...

Kuh • halbfester Schnittkäse • **Herkunft:** Morbihan • **Durchmesser:** 20 cm • **Dicke:** 3–4 cm • **Gewicht:** 300 g • **Herstellung:** Kloster • **Rohmilch**

Die klösterliche Tradition hat bei der Käseherstellung eine hohe Bedeutung. Im Trappistenkloster Timadeuc im Morbihan kann man sich davon überzeugen. Zum einen, weil die Mönche ihren Käse aus Milch von der klostereigenen Rinderherde produzieren, zum anderen, weil dieser mit seiner runden Laibform mit ca. 20 Zentimetern Durchmesser und drei bis vier Zentimetern Dicke die Käsetradition der großen Trappistenklöster fortsetzt wie die des Port-du-Salut oder des Saint-Paulin. Aber während die beiden berühmten Käse, die dort geschaffen wurden, heute ihre Laufbahn nur noch auf industriellem Weg fortsetzen, wird der Timadeuc weiterhin direkt im Kloster hergestellt und lässt den Geist des echten Port-Salut und Saint-Paulin weiterleben. Wie diese besteht er aus gepresstem, ungekochtem Teig, der sich während einer zwei- bis dreiwöchigen Reifung mit einer feinen, feuchten, gewaschenen Rinde überzieht, die sich gelborange verfärbt. Beim Verkosten ist er zart, mit leichtem Salzgeschmack und eignet sich ideal für Käseplatten; man kann ihn das ganze Jahr über verzehren.

Doch die Mönche von Timadeuc haben ein weiteres, noch originelleres kleines Wunder zu bieten, dessen Rezept sie von den Nonnen

der Abtei Echourgnac im Périgord übernommen haben. Unter dem Namen **Timanoix** produzieren sie einen Käse, der bei der Herstellung ihrem üblichen Käse ziemlich ähnlich ist, allerdings mit dem Unterschied, dass er regelmäßig mit Nusslikör gewaschen wird; dadurch erhält er eine bräunliche Rinde und einen Teig mit deutlichem Walnussaroma und -geschmack, das im Mund nachdauert – ein Genuss für Feinschmecker, der sich mit allen Tugenden eines Desserts schmückt.

Die Tipps des Käsemeisters

• Servieren Sie zu einem Timadeuc natur einen Gamay de Touraine oder einen roten Anjou.
• Timanoix lässt sich gut mit einem weißen Arbois der Rebsorte Savagnin kombinieren, einem Wein, der unter Flor altert und einen erstaunliche Anklang im Nussaroma des Käses findet. • Wenn man den ganzen Charakter des Timanoix erhalten möchte, sollte man ihn mit der Rinde verzehren.

Die Rinde schön bräunlich, der Teig mit Walnusslikör verfeinert: der Timadeuc in der Version Timanoix.

Schweinekoteletts mit Timadeuc und Weißkohl

Für 6 Personen
6 Schweinekoteletts
100 g Schweineschmalz
1 Weißkohl
1 EL Essig
Salz und Pfeffer
300 g schwach gesalzener Speck, gewürfelt
400 g Timadeuc natur (oder Saint-Paulin)
50 g Butter, zerlassen

Die Koteletts in einer Pfanne in 30 g Schweineschmalz auf beiden Seiten goldgelb braten und herausnehmen. Das Fett in der Pfanne lassen. Vom Weißkohl die äußeren Blätter entfernen. Den Kohlkopf vierteln, vom Strunk befreien, kurz in Essigwasser legen, abtropfen lassen und 2 Minuten in kochendem Salzwasser blanchieren. Herausnehmen, abtropfen und abkühlen lassen, anschließend hacken.
Das restliche Schweineschmalz in einer weiteren Pfanne erhitzen und den Weißkohl darin etwa 15 Minuten unter Rühren bei mittlerer bis starker Hitze braten. Mit Salz und frisch gemahlenem Pfeffer würzen.
Den Speck in der Kotelettpfanne goldgelb braten.
Den Käse entrinden und in sehr feine Scheiben schneiden. Den Kohl in eine feuerfeste Form geben, die Koteletts darauflegen und die Speckwürfel darum herum verteilen.
Das Ganze mit dem Käse belegen, mit der zerlassenen Butter beträufeln, salzen und mit frisch gemahlenem Pfeffer würzen und etwa 10 Minuten unter dem vorgeheizten Backofengrill gratinieren, bis der Käse schmilzt und das Fleisch umhüllt. Goldgelb und heiß servieren.

Toast mit Neufchâtel

Für 4 Personen
4 Scheiben Toastbrot
30 g Butter
100 g Neufchâtel
2 Tomaten
8–12 schwarze Oliven, entsteint
feine Kräuter
Salz und Pfeffer

Die Brote auf beiden Seiten mit Butter bestreichen und dann auf einer Seite mit dem Käse bedecken. In eine feuerfeste Form legen, auf jede Scheibe eine halbe Tomate und ein paar Kräuter geben.
Die Toasts mit Salz und frisch gemahlenem Pfeffer würzen, mit den Oliven garnieren und für etwa 10 Minuten in den sehr heißen Backofen geben. Wenn der Käse geschmolzen und gebräunt ist, mit einem Rosé aus der Provence servieren.

Gemüsefächer mit Neufchâtel, Ingwer und Olivenöl

Für 4 Personen
je 1 EL Mayonnaise, Senf, Cidreessig, Olivenöl
1 haselnussgroßes Stück Ingwer, gerieben
2 kleine Zucchini
4 Tomaten
4 Artischockenherzen in Öl, abgetropft
1 Neufchâtel-Herz
Rosmarin

Die Mayonnaise, den Senf, den Cidreessig, das Olivenöl und den Ingwer verrühren.
Die Zucchini längs in Streifen schneiden und in wenig Olivenöl braten.
Die Tomaten in Scheiben schneiden. Zucchini, Tomaten und Artischocken fächerförmig auf einen Teller legen, den Neufchâtel darauf anrichten und mit der Sauce beträufeln.
Vor dem Servieren mit Rosmarin garnieren.

Trikolore von gefüllten Paprika

Für 6 Personen
9 kleine Paprikaschoten (3 grüne, 3 rote, 3 gelbe)
100 g Waldpilze, geputzt
150 g gekochter Schinken, grob gehackt
100 g Comté, klein gewürfelt
100 g Camembert, gewürfelt
2 Eier
2 EL Crème fraîche
Paprikapulver
Salz und Pfeffer
Butter

Paprikaschoten waschen und unter dem Backofengrill rösten, bis sich die Haut schwarz verfärbt und abziehen lässt, oder über der Gasflamme des Herds kurz rösten.
Die Schoten halbieren, von den Samen und weißen Trennhäuten befreien und die Hälften nach Farben geordnet in eine mit Butter ausgestrichene feuerfeste Form legen.
Für die Füllung die Pilze und den Schinken sowie Comté im Blitzhacker zerkleinern.
In eine Schüssel geben, den Camembert und die Eier untermengen. Die Crème fraîche unterrühren. Mit einer Prise Paprikapulver, Salz und frisch gemahlenem Pfeffer würzen.
Die Füllung in die Paprikahälften geben, je ein Butterflöckchen daraufsetzen und 15 Minuten bei mittlerer Hitze im Backofen garen.
Heiß servieren.

Normannisches Fondue

Für 8 Personen
4 Camembert
4 Pont-L'Évêque
4 Livarot
2 TL Speisestärke
800 ml Milch
400 g Crème fraîche
Muskatnuss
Salz und Pfeffer
150 ml Calvados

Sämtliche Käse entrinden und in kleine Würfel schneiden. Die Speisestärke mit der Milch verrühren, den Käse hineingeben und die Mischung im Fonduetopf bei schwacher Hitze schmelzen.
Die Crème fraîche hinzufügen, würzen und unter Rühren zum Kochen bringen. Zum Schluss den Calvados unterrühren.
Die Käsemasse im Fonduetopf oder in kleinen Einzelschalen mit gewürfeltem Brot servieren. Zum Genießen die Brotstücke (am besten geröstet) darin eintauchen.

Frische Pasta mit Camembert

Für 4 Personen
1 Camembert (eher reif)
schwarzer Pfeffer
1 Bund Petersilie, gehackt
500 g frische Pasta
150 g Champignons, in feine Scheiben geschnitten
2 EL Crème fraîche

Den Camembert entrinden und in gleich große Stücke schneiden. In eine kleine Pfanne geben und unter häufigem Rühren bei geringer Hitze erwärmen.
Sobald er zu schmelzen beginnt, ein bis zwei Umdrehungen Pfeffer darübermahlen und die Hälfte der Petersilie untermengen. Dabei immer wieder umrühren, bis der Käse vollständig geschmolzen ist. Dann die Champignons zugeben und 2–3 Minuten erhitzen. Beiseite stellen und warm halten.
In der Zwischenzeit die Pasta in reichlich kochendem Salzwasser garen und gut abtropfen lassen.
Die Crème fraîche in die Pfanne zur Käsemasse geben und bis kurz vor dem Siedepunkt erhitzen.
Pasta in eine vorgewärmte Schüssel füllen, die Sauce darübergießen, mit der restlichen gehackten Petersilie bestreuen und servieren.
Als kleine Variante kann man statt der Champignons auch grob gehackte Walnusskerne oder in feine Streifen geschnittenen Schinken dazugeben.

Bunter Endivien-Frucht-Salat

Für 4 Personen
1 Kopf Endiviensalat
200 g Timadeuc natur (oder Port-Salut), klein gewürfelt
½ Dose Ananasstücke, abgetropft
1 Rebe blaue Muskattrauben, abgezupft
Walnusskerne, gehackt
150 g Joghurt | 100 g Crème fraîche
Paprikapulver
Salz und Pfeffer

Den Salat putzen, waschen und schleudern. Die zartesten Blätter in kleine Stücke zupfen und in eine Salatschüssel geben.
Den Käse, die Ananasstücke, die Trauben und die Walnüsse zugeben.
Für die Sauce den Joghurt mit der Crème fraîche verrühren und mit einer Prise Paprikapulver sowie Salz und frisch gemahlenem Pfeffer würzen. Die Sauce über den Salat geben, unterziehen und servieren.

Meeresfrüchtetarte

Für 4–6 Personen
300 g salziger Mürbeteig
(aus 180 g Mehl, 90 g kalter Butter, ½ TL Salz, 1 Ei)
200 g Frühlingszwiebeln
50 g Butter
150 g Krebsfleisch aus der Dose
150 g Langustenschwänze
2 EL trockener Weißwein
3 Eier plus 1 Eigelb
150 g Crème fraîche
1 EL Tomatenmark
Salz und Pfeffer
150 g Timadeuc natur, in Scheiben geschnitten
25 g Gruyère, gerieben

Eine Tarteform mit 25 Zentimetern Durchmesser mit dem Teig auslegen und bei 200 °C im heißen Ofen etwa 10 Minuten blindbacken.
In der Zwischenzeit die Frühlingszwiebeln waschen, in feine Scheiben schneiden und bei schwacher Hitze in der Butter anbraten, ohne dass sie Farbe annehmen. Das Krebsfleisch und die Langustenschwänze zugeben, den Weißwein hinzufügen und bei geringer Hitze 4–5 Minuten köcheln lassen.
Die Eier und das Eigelb mit der Crème fraîche und dem Tomatenmark verquirlen. Mit Salz und frisch gemahlenem Pfeffer würzen.
Die Eiermasse zu der Meeresfrüchte-Zwiebel-Mischung geben.
Den in Scheiben geschnittenen Käse auf den Teig legen, die Füllung daraufgeben, mit dem geriebenen Käse bestreuen und bei 180 °C in der Tarteform mindestens 30 Minuten im Ofen backen, bis die Oberfläche goldgelb ist. Heiß servieren.

Backkartoffeln mit Brillat-Savarin

Für 4 Personen
4 große Kartoffeln
150 g Brillat-Savarin
2 Eier
8 feine Scheiben geräucherter Bauchspeck
Schnittlauchröllchen
Salz und Pfeffer
20 g Butter, zerlassen

Den Backofen auf 210 °C vorheizen.
Die Kartoffeln schälen, waschen und abtrocknen. Einzeln in Alufolie wickeln und etwa 20 Minuten in den heißen Backofen geben.
Wenn sie gar sind, von der Alufolie befreien und abkühlen lassen.
Den Brillat-Savarin in einer Schüssel zerdrücken und mit den Eiern verrühren.
Den Bauchspeck in einer Pfanne auslassen und leicht bräunen. Sechs Scheiben in kleine Stücke schneiden, die beiden übrigen längs und quer halbieren.
Von den abgekühlten Kartoffeln längs einen Deckel abschneiden und die Kartoffeln mit einem kleinen Löffel sorgfältig aushöhlen, ohne nach außen durchzubrechen.
Das herausgelöffelte Fruchtfleisch der Kartoffeln zum Käse geben, gut untermischen und dabei nach Bedarf noch etwas zerdrücken.
Anschließend die Schnittlauchröllchen und den klein geschnittenen Speck unterrühren. Mit Salz und frisch gemahlenem Pfeffer würzen.
Die Füllung in die vier Kartoffeln geben und diese mit der zerlassenen Butter beträufeln.
Die gefüllten Kartoffeln in eine feuerfeste Form legen und im heißen Ofen 10 Minuten backen. Herausnehmen, auf jede Kartoffel zwei Bauchspeckstreifen legen und nochmals 5 Minuten im Backofen garen.
Heiß servieren.

Normannische Millefeuille

Für 4 Personen
300 g Blätterteig
1 gerade ausgereifter Pont-L'Évêque
1 Eigelb
125 g Crème fraîche
Saft einer Zitrone
200 g Butter
½ Bund Schnittlauch
½ Bund Estragon
½ Bund Kerbel
Salz und Pfeffer

Den Backofen auf 230 °C vorheizen.
Den Blätterteig ausrollen, in sechzehn Rechtecke mit 10 × 5 Zentimeter Seitenlänge schneiden und auf einem mit Backpapier ausgelegten Backblech etwa 20 Minuten im Ofen backen.
In der Zwischenzeit den Käse entrinden und in zwölf Scheiben von der Größe der Blätterteigrechtecke schneiden.
Den Blätterteig aus dem Ofen nehmen. Die Millefeuilles schichten, dabei mit einem Stück Teig beginnen, eine Käsescheibe darauflegen, dann ein weiteres Teigstück, bis je vier Teigstücke und drei Käsescheiben aufeinanderliegen, sodass man vier Türmchen erhält.
Das Eigelb mit etwas Wasser verquirlen und die obersten Blätterteigstücke damit bestreichen. Die Türmchen erneut in den Backofen geben, bis der Käse zu schmelzen und das oberste Teigstück goldgelb zu werden beginnt.
In der Zwischenzeit die Crème fraîche mit dem Zitronensaft aufkochen, von der Kochstelle nehmen, die Butter unterschlagen und die Kräuter einstreuen. Mit Salz und frisch gemahlenem Pfeffer würzen.
Auf die Teller einen Spiegel Sauce geben und je eine heiße Millefeuille daraufsetzen.
Mit einem Weißwein nach Wahl servieren, etwa einem Pouilly-Fuissé.
Alternativ kann man auch Türmchen mit nur drei Schichten Teig herstellen und diese mit gebratenem Speck, einer gehäuteten Tomate, etwas Dill und einem Stück Blätterteig dekorativ garnieren.

Normannische Millefeuille.

DER NORDOSTEN UND DIE ÎLE-DE-FRANCE

Über weite Ebenen

Willkommen bei den Holstein-Rindern! Soweit das Auge reicht, sieht man die wackeren Milchkühe grasen, auf den Weiden der Brie ebenso wie weiter nördlich. Und überall von der Maas bis an die Somme liefern sie den Rohstoff für charaktervolle Käse, die ebenso edel sind wie sie selbst – und wie die Nordostfranzosen, die bekanntlich die Sonne im Herzen tragen, die ihnen draußen fehlt.

WIE DIE GEGEND, SO DER KÄSE

Rechte Seite: Majestätisch, schwarz gefleckt, ernsthaft und fleißig – die Holstein-Rinder, die über die Niederlande nach Frankreich gelangt sind.

Die Nordostfranzosen sind bekanntermaßen von Natur aus herzlich. Dies zeigt sich auch in den Käsen der Region: Hier gibt es nichts Halbherziges, sondern Charakter und Geschmack. In den weiten Ebenen Nordostfrankreichs von den abwechslungsreichen Tälern der Thiérache bis hin zu den Heidelandschaften am Meer, wo sich bis ins Endlose Flachland erstreckt, sind Leben und Klima rau. Regen und Kälte schaffen eine Art Hartnäckigkeit in den Menschen – die sie sich durchbeißen, arbeiten und etwas angreifen lässt –, aber auch eine Freude am Feiern, die sie in warmherziger Freundschaft gern miteinander teilen. Hier herrscht eine Freigebigkeit, die man in dem Käse wiederfindet: Die Milch kommt von der Rinderrasse *Prim'Holstein*, der französischen Variante des Holstein-Rinds, das über die Niederlande hierher gelangt ist. Diese Rasse gibt am meisten Milch von allen und passt sich perfekt an die fetten Weiden an, die von den reichlichen Niederschlägen profitieren.

In der Île-de-France sind Menschen wie Käse geschmeidiger. Als Herz Frankreichs, dessen ursprüngliches Zentrum sowie Dreh- und Angelpunkt sie ist, wirkt diese Gegend, die vom Lauf der Geschichte und natürlich von der großen Nähe zur Hauptstadt geprägt wurde, zivilisierter. Aber auch hier sind die Täler und Ebenen fruchtbar. Auch hier sorgt der Regen für grüne Weiden, auf denen die Holstein-Rinder reichlich Milch geben.

Ein Stück Brie de Meaux, dessen gelber Teig zu verlaufen beginnt; genau richtig ausgereift, um seine ganze Feinheit und aromatische Kraft zu genießen.

Brie: der Adler von Meaux

Kuh • Weichkäse mit flaumiger Rinde • **Herkunft:** Seine-et-Marne • **Durchmesser:** 35–37 cm • **Dicke:** 2,5 cm • **Gewicht:** 2,6 kg • **Herstellung:** artisanal und Molkerei (laitière) • Rohmilch

Käse des Kaisers, da Karl der Große ihn gern verspeiste; später Käse der Könige, der im Lauf der Geschichte von Philipp II. August, Heinrich IV. und Ludwig XVI. geschätzt wurde; sogar 1915 beim Wiener Kongress anerkannt, wo ihn das vereinte Europa durch Talleyrand, Metternich und 30 Vertreter verschiedener Staaten zum »König aller Käse« krönte: Der Brie de Meaux zeigt sich, wenn es um Käse geht, ebenso überlegen-vornehm wie Bossuet, Bischof von Meaux im 17. Jahrhundert, der den Namen »Adler von Meaux« erhielt, bei seinen Kanzelreden. Der Ruf dieses Käses reicht weit über die Grenzen Frankreichs hinaus, ebenso wie der des Camembert, der gleichfalls als Wahrzeichen bekannt ist: Aber wo der normannische Käse etwas prosaisch Volkstümliches bewahrt, genießt der königlichere Brie einen eher aristokratischen Ruf, den er seinem feinen Geschmack verdankt.

Immer gleich in der Form – eine runde Torte mit 35–37 Zentimetern Durchmesser und 2,5 Zentimetern Dicke bei einem konstanten Gewicht von 2,5–3 Kilogramm –, besitzt er stets die gleiche weiße Rinde mit rötlichen Pigmentierungen und einen strohgelben, cremigen und geschmeidigen Teig. Grund dafür ist die Herstellung, bei der der Käsebruch von Hand mit einer Brie-Schaufel, einer Art Teller mit Griff, die nur der Geübte führen kann, schichtweise in die Form geschöpft wird. Danach wird er ausschließlich mit Salz gesalzen und kommt eine Woche nach dem Schöpfen in den Reifekeller, wo er regelmäßig gewendet wird und vier bis sechs Wochen auf quadratischen Strohmatten ruht, die einen Abdruck auf der Rinde hinterlassen. Ausgereift verströmt er kräftige Aromen und hat einen Geschmack, in dem man den ganzen Reichtum der Weiden in den Ebenen von Brie und Maas erspürt, wo er herkommt.

Die Tipps des Käsemeisters

• Brie sollte vor allem im Winter verzehrt werden: Dann ist er am schmackhaftesten. Aber auch der Herbst sowie der Sommer entsprechen ihm, man sollte ihn in dieser Zeit jedoch möglichst nicht transportieren …
• Rotwein ist dazu ein Muss: Beaujolais, Burgunder, Bordeaux. Die Auswahl ist groß, je nach persönlichem Geschmack.
• Probieren Sie ihn zusammen mit einem nicht zu süßen Apfel: Die beiden passen perfekt zueinander.

Maroilles

Kuh • **Weichkäse mit gewaschener Rinde** • **Herkunft:** Thiérache, Departement Nord, Departement Aisne • **Größe:** quadratisch mit 13 cm Seitenlänge • **Dicke:** 6 cm • **Gewicht:** 720 g • **Herstellung:** artisanal und Molkerei (laitière) • **Rohmilch oder pasteurisierte Milch**

Wenn auch der Brie de Meaux bei den französischen Königen zu dem erwähnten Ruhm kam, steht ihm der Maroilles in nichts nach. Er stand ebenfalls auf der Tafel Philipps II. August, aber auch bei Ludwig dem Heiligen, Karl VI. sowie Franz I., und Karl V. war bekanntlich verrückt nach ihm. Eine bemerkenswerte Karriere für einen Käse, der ursprünglich aus dem Kloster kam: Er wurde von den Mönchen in der Abtei des kleinen Dorfes kreiert, dessen Namen er heute trägt, während er früher als *craquegnon* bekannt war.

Seit dem hohen Mittelalter ist die Herstellung, die lange Zeit auf die Gegend um Avesnes begrenzt war und sich heute auf die gesamte Thiérache ausgeweitet hat, gleich geblieben: Der Käsebruch wird in quadratische Formen geschöpft, die noch am selben Tag mehrmals gewendet werden. Am nächsten Tag wird der Käse aus der Form genommen, mit Salz eingerieben und wieder einen Tag später in Salzlake gebadet. Dadurch wird der Teig, der zu diesem Zeitpunkt weiß ist, geschmeidig. Im Trockenraum überzieht den Käse schon bald eine dünne blaue Schimmelschicht; nun wird er zum Entfernen dieser Schicht mit ganz schwach gesalzenem Wasser gebürstet. Die Reifung im Keller (in

Unter seiner gelb-orangefarbenen Rinde verbirgt sich ein gelblicher Teig: Schon beim Anschneiden erkennt man die Kraft des Maroilles.

Fette Weiden unter grauem Himmel: Wir sind in der Thiérache, in der Nähe des Dorfes Englancourt.

der Thiérache haben die Keller wegen der Bodenbeschaffenheit ganz besondere Qualitäten) dauert ein bis vier Monate, in denen man den Käse weiter wendet, wäscht und bürstet; so erhält er die orangegelbe Farbe, die man an ihm kennt.

Genießt man eine dicke Scheibe kommt die cremige, geschmeidige Seite des leicht gelb gefärbten Teigs zur Geltung; vor allem vereint sich sein kräftiges Bouquet mit einem vollmundigen Geschmack, der niemandem etwas schuldig bleibt! Man sagt in Nordostfrankreich zu Recht, dass der Maroilles der feinste aller kräftigen Käse ist; man könnte sogar noch hinzufügen, dass er auch der kräftigste aller feinen Käse ist …

Die Tipps des Käsemeisters

• Maroilles sollte man von Sommer bis Winter verzehren, am besten mit Roggenbrot.
• Servieren Sie dazu einen kräftig gebauten Rotwein, zum Beispiel einen Châteauneuf-du-Pape. Man kann jedoch auch einen flaschengegärten Cidre, einen *cidre bouché*, oder ein dunkles Bier dazu wählen.

Rechte Seite: Kompakter und etwas dicker als sein Vetter aus Meaux, ist der Brie de Melun eine elegante Erscheinung, und zwar innen wie außen.

Brie de Melun

Kuh • Weichkäse mit flaumiger Rinde • **Herkunft:** Seine-et-Marne • **Durchmesser:** 27 cm • **Dicke:** 3 cm • **Gewicht:** 1,5 kg • **Herstellung:** artisanal und Molkerei (laitière) • **Rohmilch**

Dieser andere Brie ist auch ein etwas anderer Brie. Man wird ihm nicht gerecht, wenn man meint, er sei seinem berühmten Nachbarn unterlegen. Die Historiker bescheinigen ihm jedenfalls ein höheres Alter, vielleicht ist er gar der Stammvater aller Bries. Seine Andersartigkeit kultiviert er daher sorgfältig und bietet demjenigen, der ihn entdeckt, einen überraschenden Geschmack, kräftig genug, dass man seinen besonderen Charakter nicht mehr vergisst. Diesen erhält er durch eine mindestens vierwöchige, oft auch längere Reifung. Zuvor wird der Käsebruch ohne Schneiden und Pressen geschöpft, mit Salz gesalzen und vorsichtig bewegt, da der Teig sehr empfindlich ist; schließlich bringt man den Käse in den Feuchtkeller. Seine endgültige Form, kaum dicker als beim Brie de Meaux, ist ebenfalls zylindrisch, aber mit kleineren Maßen – nur 24–27 Zentimeter Durchmesser – und seine dünne, rot-ockerfarbene bis schwach rotbraune Rinde bedeckt als feiner Film einen goldgelben, gleichmäßigen und geschmeidigen, aber nicht weichen Teig, dessen starker Gärungsgeruch sich mit einem fruchtigen Geschmack mit reichem Bouquet verbindet.

Liebhaber verzehren ihn manchmal frisch, vor der Reifung. So wurde er wahrscheinlich auch ursprünglich gegessen. Dabei wird er auf Strohmatten serviert und der frische, salzige Teig manchmal mit Holzkohle bestaubt, weshalb man ihn in diesem Fall »*bleu*« nennt.

Die Tipps des Käsemeisters

• Zu einem Brie de Melun passen alle spritzigen Rotweine mit vollmundigem Bouquet wie Bordeaux, Burgunder oder Côtes-du-Rhône; doch ein Chambertin ist sicherlich der beste Begleiter.
• Wenn man ihn mit Birnen kombiniert, entfaltet er seinen ganzen Geschmack.
• Die Île-de-France bietet verschiedene Bries, die dem Brie de Melun ähnlich sind; einige davon wie der Brie de Montereau oder die Feuille de Dreux werden bis heute hergestellt, während andere wie der Brie de Nangis verschwunden sind.

Andere Käsesorten

Die Käsetraditionen in Nordostfrankreich werden durch die Nähe Flanderns von den holländischen Käsen beeinflusst, während in der Île-de-France der jahrhundertealte Glanz des Brie sehr stark auf die Käseherstellung ausgestrahlt hat.
An der Meeresküste Französisch-Flanderns beginnend hat der **Bergues** heute eine eigene Identität errungen. Er reift mindestens drei Wochen in erhöht gelegenen Kellern, sogenannten *hoffsteads*, wird alle drei bis vier Tage mit Bier gewaschen und bekommt dadurch eine kreidefarbene Rinde, die einen roségelben Teig mit leicht herbem Geschmack umgibt. Er eignet sich ebenso gut für die Käseplatte wie gerieben für gratinierte Gerichte.
Ebenfalls aus Flandern kommt der **Saint-Winoc**, der ursprünglich von den Mönchen der gleichnamigen Abtei hergestellt wurde; er ähnelt dem Bergues, allerdings wird der gepresste, halbfeste Teig teilweise aus entrahmter Milch hergestellt; er wird auch mit

Bier gewaschen und verströmt am Ende der Reifezeit einen relativ starken Geruch.
Im Boulonnais gibt es den **Vieux Boulogne**; er wird mit Bier gewaschen, das aus Saint-Léonard kommt. Hergestellt wird der vorgesalzene Käse ausschließlich aus Milch von Kühen, die in der Nähe des Meeres weiden, und reift sieben Wochen. Unter seiner orangeroten Rinde verströmt er einen durchdringenden Geruch. Der **Cœur d'Arras** aus dem Artois ist nach seiner Herzform und nach seiner Heimatstadt benannt, wo man ihn früher für die traditionelle *fête des Rats* herstellte. Er hat mehr Ähnlichkeiten mit dem Maroilles. Nach einer rund zweimonatigen Reifung im Feuchtkeller hat er eine dünne Rinde, einen angenehmen Geruch und einen zartschmelzenden Teig. In der Picardie hat er einen Vetter im **Rollot**, den Ludwig XIV. sogar als »königlichen Käse« bezeichnete. Er ist rund und eher klein – sieben bis acht Zentimeter Durchmesser –, auch wenn er auf einigen Bauernhöfen ebenfalls zu einem Herz geformt wird. Unter seiner ziegelroten Rinde entwickelt er einen elfenbeinfarbenen Teig, der einen angenehmen Salzgeschmack im Mund hinterlässt.
Im Avesnois und in der Thiérache, aber auch bis in die Champagne hinein wird der **Sorbais** hergestellt, der sich ebenfalls in die Abstammungslinie des Maroilles einreiht. Der quadratische Käse mit gewaschener, leuchtend roter Rinde hat einen weichen, auf Fingerdruck nachgiebigen Teig mit starkem Bouquet und ausgeprägtem Geruch. Jedoch weniger hervortretend als beim **Gris-de-Lille**, dessen Spitzname *puant* (Stinker) schon zeigt, dass er nicht gerade geruchlos ist. Die Minenarbeiter machten ihn zu ihrem Alltagsessen und verzehrten ihn manchmal sogar in einem Tontopf eingelegt. Der zweimal gesalzene, rindenlose Käse ist nach fünf- bis sechsmonatiger Reifung auf der Zunge ebenso stechend wie in der Nase; ein Glas alter Genever bringt ihn optimal zur Geltung.
Ebenfalls auf den Maroilles beruft sich der originale **Dauphin**, der zur Erinnerung an den Sohn Ludwigs XIV., der diesen Käse besonders schätzte, bis heute wie ein Delfin (französisch: *dauphin*) geformt ist. Er wird aus frischem Maroilles-Teig hergestellt und mit Kräutern und Gewürzen verfeinert. Während der zwei bis vier Monate dauernden Reifung erhält er eine ziegelfarbene Rinde und einen Geschmack, in dem Estragon und Nelke ihren Duft entfalten.
Nordfrankreich hat jedoch auch noch Käse ganz anderer Tradition zu bieten. So orien-

Der Vieux Boulogne wird mit Bier gewaschen und birgt unter der goldgelben Rinde alle seine Aromen.

Oft imitiert, aber nie wirklich erreicht: ein perfekter, cremiger Coulommiers …

tiert sich der **Boule de Lille** eher an einem berühmten holländischen Käse, dem Mimolette (*mi-mou:* halbweich). Der kugelförmige Käse entwickelt unter der harten, spröden Rinde, die mehrmals gebürstet und mit dem Hammer geklopft wird, einen orangefarbenen bis rotbraunen, eher halbfesten als halbweichen Teig, der extra alt, also nach 24-monatiger Reifung, auch richtig hart und feinrissig sein kann. Man kann ihn allerdings auch früher verzehren: nach drei Monaten »jung«, nach sechs bis acht Monaten »halbalt« und nach zwölf oder vierzehn Monaten »alt«.

Einer anderen Tradition, nämlich der des Saint-Paulin, folgt der Klosterkäse **Mont-des-Cats**; man nennt ihn auch Trappe de Bailleul nach der Abtei zwischen Lille und Dünkirchen, wo er seit über hundert Jahren hergestellt wird. Das Volk aß ihn auf einer Scheibe Butterbrot, die man beim Frühstück in Kaffee oder Zichorienkaffee eintauchte. Heute findet man ihn auf Käseplatten. Durch die zweimonatige Reifung im Feuchtkeller weist der zarte Teig einen deutlichen Milchgeschmack mit leicht salzigem Nachhall auf.

Wenn man Nordostfrankreich in Richtung Île-de-France verlässt, muss man einen Zwischenstopp im Departement Seine-et-Marne einlegen, in den Überresten einer Käsehochburg, Coulommiers, um den **Coulommiers** zu kosten, selbst wenn er wegen seiner Beliebtheit heute fast überall in Frankreich hergestellt wird, vor allem in der Champagne, in Lothringen und im Burgund. Man erkennt ihn an seiner flachen Scheibenform mit 13 Zentimetern Durchmesser und zwei bis drei Zentimetern Dicke, seiner leicht flaumigen Rinde mit kleinen rötlichen Schimmelflecken, seinem nachgiebigen, gleichmäßigen Teig, Ergebnis einer einmonatigen Reifung, und seinem cremig-frischen Geruch. Um bei all den Industrieprodukten, die sich manchmal recht wenig um Authentizität sorgen, nicht den wahren Geschmack zu verpassen, hält man sich am besten vor Ort an einen originalen Käse: den **Brie de Coulommiers**. Manche behaupten, dass er der Stammvater aller Bries ist. Sicher ist: Er steht seinen Genossen in nichts nach, ob dem Brie de Melun (mit dem er die Maße von 25 bis 27 Zentimetern Durchmesser auf drei Zentimeter Dicke gemeinsam hat) oder dem Brie de Meaux, wenn es um das Aroma geht, zu dem ein schwach pilziger Geruch gehört, und um den angenehm fruchtigen Geschmack. Wenn man ihn kostet, versteht man, warum Marie Leszczyńska, die Gemahlin Ludwig XV., ihn für ihre geliebten *bouchées à la reine* verwendete.

Die Tipps des Käsemeisters

• Zu jedem Käse, der Ähnlichkeiten mit dem Maroilles aufweist, passen kräftige Rotweine: am besten ein Côtes-du-Rhône oder ein Châteauneuf-du-Pape.
• Aber auch Bier ist ein hervorragender Begleiter, natürlich aus Nordostfrankreich.
• Denken Sie bei einem Rollot auch an Cidre aus der Picardie oder bei dem Vieux-Boulogne an Champagner.
• Zu den verschiedenen Coulommiers und Bries de Coulommiers wählt man spritzige, fruchtige Rotweine: Beaujolais-Village, Pommard, Volnay, Côtes-de-Beaune.

Der Favorit des Käsemeisters

Boulette d'Avesnes: ein hübscher kleiner Kegel …

Kuh • Weichkäse • Herkunft: Avesnois • Durchmesser: kegelförmig, 6–8 cm an der Basis • Dicke: 10 cm • Gewicht: 180–250 g • Herstellung: Bauernhof (fermière) und Molkerei (laitière) • Rohmilch oder pasteurisierte Milch

Er hat schon eine seltsame Form, der Boulette d'Avesnes! Der tropfenförmige Kegel hat nichts von der Regelmäßigkeit der am Fließband produzierten Käse. Da der Käsebruch mit der Hand zerkleinert, geknetet und geformt wird, bewahrt der Käse etwas von der Fantasie desjenigen, der ihn geformt hat. Lange Zeit konnte man ihn auf Brettern trocknen sehen, die über den Fenstern angenagelt waren: Hier, quasi in einer Freiluft-Speisekammer, stellte jede Familie ihre Boulettes ab. Mittlerweile ist der Käse aus der Stadtlandschaft verschwunden, bewahrt jedoch seine bäuerliche Tradition, selbst wenn er nicht mehr aus der Buttermilch gemacht wird, die seine Hersteller tranken.

Heute bereitet man ihn aus Maroilles zu: aus angestoßenen und herabgestuften Käsen, die man zerkleinert und mit Petersilie, Estragon, Gewürznelken und Pfeffer aromatisiert, bevor sie drei Monate oder auch länger im Feuchtkeller reifen. Mehrere Wochen wird er sanft mit Bier gewaschen, wodurch die Rinde ein schönes Ziegelrot annimmt. Zusätzlich färbt man ihn häufig mit dem Pflanzenfarbstoff Annatto oder mit Paprika, um den kräftigen, eindeutig würzigen Geschmack noch stärker hervorzuheben.

Jedoch kann dieser Käse streng schmecken, wenn man zu lange wartet. Dies brachte dem Boulette d'Avesnes den anhaftenden (und nicht immer sehr guten) Ruf eines starken Käses ein. Die Kunst besteht nämlich darin, ihn genau mit dem richtigen Reifegrad zu verzehren. Dann stellt man fest, dass er auch maßvoll schmecken kann, ohne farblos zu sein.

Die Tipps des Käsemeisters

• Verzehren Sie den Boulette zu einem Côtes-de-Beaune oder einem Beaujolais oder auch, je nach Lokaltradition, zu einem Amberbier. Man kann auch ein kleines Glas Genever dazu versuchen.

• Probieren Sie eine Variante, den Boulette de Cambrai. Er stammt aus der gleichen Familie, wird ebenfalls von Hand geformt, und sein milder Charakter wird durch einige Gewürze pikanter.

Wie ein großer Tropfen geformt, ziegelrot, mit verschiedenen Kräutern verfeinert und mit Paprika überzogen: Der Boulette d'Avesnes ist einzigartig.

Nudelauflauf in der Käsekugel

Für mindestens 8 Personen
1 ganzer Boule de Lille
1 Scheibe gekochter Schinken, 1 cm dick
250 g Hörnchennudeln
Salz
1 Bund Schnittlauch
2 große EL Butter

Von dem Boule de Lille das obere Viertel abschneiden. Den Deckel abheben und den Käselaib mit einem scharfkantigen Esslöffel so aushöhlen, dass eine etwa zwei Zentimeter dicke Käsehülle entsteht.
Die Hälfte des entfernten Käseinneren anderweitig verwenden, die andere Hälfte reiben.
Die Nudeln in Salzwasser al dente kochen. In der Zwischenzeit den Schinken grob würfeln, den Schnittlauch in Röllchen schneiden.
Die Butter in einer Pfanne zerlassen. Die abgetropften Hörnchennudeln, den Schinken, den geriebenen Käse und die Schnittlauchröllchen dazugeben. Einige Minuten unter Rühren anbraten, dann die Hälfte der Masse in die ausgehöhlte Käsekugel geben.
Die Käsekugel mit Alufolie umwickeln, die Öffnung dabei frei lassen und unter dem vorgeheizten Backofengrill 10 Minuten überbacken. Aus dem Backofen nehmen, die übrige Nudelmasse hineingeben und nochmals unter dem Grill etwa 10 Minuten überbacken. Die Käsekugel herausnehmen, von der Alufolie befreien und servieren.

Käsetarte

Für 4–6 Personen
10 g frische Hefe
1 Glas lauwarme Milch
250 g Mehl
1 Ei
30 g Butter, zerlassen
Salz
350 g Maroilles

Die Hefe in der warmen Milch auflösen. Mit dem Mehl, dem Ei, der Butter und einer Prise Salz vermengen.
Eine Tarteform mit dem Teig auslegen und diesen etwa 2 Stunden an einem warmen Ort gehen lassen.
Den Maroilles in feine Scheiben schneiden, den Teig damit belegen und die Tarte im auf 200 °C vorgeheizten Ofen 30 Minuten backen.

Brie-Mürbeteig-Taler

Ergibt etwa 1,2 kg
500 g Mehl
150 g weiche Butter
400 g reifer Brie de Meaux
4 Eigelb
Salz und Pfeffer
Muskatnuss
etwas Milch zum Bestreichen

Für den Teig das Mehl mit der Butter, dem entrindeten und schon ziemlich verlaufenden Brie, den Eigelben, Salz, und frisch gemahlenem Pfeffer sowie Muskatnuss verkneten.
Den Teig etwa 1 cm dick ausrollen und mit einer Ausstechform mit gewelltem Rand kleine Küchlein von etwa 6 cm Durchmesser ausstechen. Mit Milch bepinseln, mit einer Gabel Rillen formen und bei 190 °C im Ofen 15 Minuten backen.

Käse-Quark-Tarte

Für 8 Personen
300 g salziger Mürbeteig (aus 180 g Mehl, 90 g kalter Butter, ½ TL Salz, 1 Ei)
200 g Sorbais (oder Maroilles)
200 g Speisequark
3 Eier
Salz und Pfeffer
50 g Butter

Eine gefettete Tarteform mit dem Mürbeteig auslegen und kalt stellen. Den Käse entrinden, in kleine Würfel schneiden, mit dem Quark und den verquirlten Eiern vermengen. mit Salz und frisch gemahlenem Pfeffer würzen und die Masse auf dem Teig verteilen.
Die Tarte im vorgeheizten Ofen bei 200 °C etwa 30 Minuten backen, zwischendurch die Butter in Flöckchen darauf verteilen. Heiß als Vorspeise servieren und dazu einen kräftig gebauten Rotwein reichen.

Kartoffelgratin mit Brie

Für 4–6 Personen
1 ½ kg Kartoffeln
250 ml Vollmilch
250 g Sahne
500 g Brie de Meaux
4 Knoblauchzehen, fein gehackt
Butter

Die Kartoffeln waschen, schälen und in feine Scheiben schneiden. Die Milch und die Sahne aufkochen, die Kartoffelscheiben zugeben und alles erneut aufkochen. Vom Herd nehmen.
100 g Brie mit dem Knoblauch in etwas Butter schmelzen. Restlichen Käse in Scheiben schneiden. Die Milch-Sahne-Kartoffeln in eine Auflaufform geben, den geschmolzenen Brie darübergießen und mit dem in Scheiben geschnittenen Käse belegen.
Das Gratin im vorgeheizten Ofen bei 200 °C etwa 15 Minuten backen, bis es schön cremig ist. Servieren.

Artischockenauflauf mit Brie de Melun

Für 4 Personen
1 ½ kg Gemüseartischocken
Zitronenwasser
100 g Butter
30 g Mehl
250 ml Milch
500 ml Geflügelbrühe
1 Eigelb
2 EL Crème fraîche
¼ Brie de Melun
Salz und Pfeffer

Die Artischocken putzen. Dafür die Stiele abbrechen und die oberen zwei Drittel der Hüllblätter abschneiden. Noch verbliebene harte Stellen an der Unterseite entfernen, das faserige Innere herausschaben und die Artischockenböden sofort in Zitronenwasser legen.
Reichlich Salzwasser aufkochen, die Artischocken darin garen, abgießen, in 40 g zerlassener Butter schwenken und beiseite stellen.
Das Mehl mit 60 g Butter in einem Topf in 2 Minuten hellbraun anschwitzen, die Milch und Geflügelbrühe unter Rühren nach und nach dazugießen und unter leichtem Rühren kochen lassen, bis die Masse andickt. Das Eigelb mit der Crème fraîche verquirlen und unterziehen. Mit Salz und frisch gemahlenem Pfeffer würzen.
Die Artischocken in eine feuerfeste Form geben, die Sauce darüber verteilen. Den Brie entrinden, in feine Scheiben schneiden und das Gemüse damit belegen. Den Auflauf im vorgeheizten Ofen bei 180 °C 20 Minuten backen.

Omelett mit Avesnes

Für 4 Personen
1 Boulette d'Avesnes
100 g Butter
8 frische Eier
Salz und Pfeffer
frischer Estragon

Den Käse gründlich entrinden, vor allem an der Schmalseite. In Stücke schneiden und in einer kleinen Pfanne bei schwacher Hitze in 50 g Butter schmelzen, dabei mit einem Holzspatel rühren.
Wenn die Masse gleichmäßig und weich ist, vom Herd nehmen und warm stellen.
Die Eier verquirlen, mit Salz und frisch gemahlenem Pfeffer würzen und in einer großen Pfanne mit der restlichen Butter zu einem Omelett backen.
Wenn die Eier gestockt sind, den geschmolzenen Käse darübergeben und das Omelett auf dem Servierteller aufrollen. Mit Estragon bestreuen und sehr heiß servieren.
Man kann das Omelett auch nur mit der Hälfte der Käsemasse füllen und den Rest über das zusammengerollte Omelett gießen. Oder man backt vier kleine anstelle eines großen Omeletts.

Bauernomelett mit Brie

Für 6 Personen
4 Zwiebeln
4 Scheiben Räucherspeck
2 Äpfel
100 g Butter
10 Eier
50 g Sahne
500 g Brie de Meaux

Die Zwiebeln schälen und in feine Scheiben schneiden. Den Speck würfeln, die Äpfel schälen, entkernen und in feine Scheiben schneiden. In einer Pfanne Zwiebeln, Speck und ein Viertel der Apfelscheiben in 50 g Butter anschwitzen.
Die Eier verquirlen und die Sahne sowie die angeschwitzte Zwiebel-Speck-Apfelmischung unterziehen.
Die restliche Butter in einer großen Pfanne zerlassen und das Omelett backen.
Das Omelett auf der ganzen Breite mit 400 g entrindetem Brie belegen, zusammenrollen, nochmals erwärmen und servieren. Dazu den übrigen, in feine Scheiben geschnittenen Brie und die restlichen Apfelscheiben reichen.

Röstbrot mit Maroilles

Brot
Maroilles

Möglichst große Brotscheiben mit Maroilles-Streifen belegen, auf ein Backblech geben und im 200 °C heißen Backofen etwa 10 Minuten backen. Wenn der Maroilles Blasen wirft und zu bräunen beginnt, aus dem Backofen nehmen und servieren. Einfach und gut!

Salat von gegrilltem Gänsekragen

Für 4 Personen
1 Packung Gänsekragen (Gänsehals)
1 Kopf Friséesalat
Vinaigrette
2 Scheiben Landbrot, geröstet
200 g Boule de Lille (oder 100 g Boule de Lille und 100 g französischer Edamer)
feine Kräuter

Die Gänsekrägen vollständig vom Fett befreien und unter dem vorgeheizten Backofengrill 10 Minuten grillen.
In der Zwischenzeit den Friséesalat zubereiten und mit der Vinaigrette beträufeln. Die gerösteten Brotscheiben in Croûtons schneiden.
Den Käse entrinden und würfeln.
Die knusprigen Gänsekrägen aus dem Backofen nehmen und in Scheiben schneiden.
Den Salat in einer Schüssel anrichten, die Gänsekragenscheiben darauflegen, die Croûtons und den Käse darübergeben und mit feinen Kräutern bestreuen.

Vulkan vom Brie de Meaux mit Steinpilzen

Für 4–6 Personen
500 ml Milch
250 g Sahne
100 g getrocknete Steinpilze
400 g Brie de Meaux
300 g salziger Mürbeteig (Fertigprodukt oder selbst gemacht aus 180 g Mehl, 90 g kalter Butter, ½ TL Salz, 1 Ei)

Die Milch mit der Sahne in einem Topf mischen, erhitzen und die getrockneten Steinpilze ½ Stunde darin einweichen.
Eine möglichst tiefe, runde gefettete Backform mit dem Mürbeteig auskleiden, in der Mitte des Teigs ein Loch für den »Schlot« ausstechen und den Teig bei 200 °C im vorgeheizten Ofen blindbacken, bis er goldgelb, jedoch nicht braun wird.
Den Brie entrinden und bei schwacher Hitze in der Steinpilz-Milch-Sahne-Mischung schmelzen.
Den Teig auf einen tiefen Teller stürzen, durch den »Schlot« die Pilzmasse hineinfüllen und servieren. Den Teller nach Belieben ringsherum mit einigen beiseite gelegten Steinpilzen garnieren.

Blätterteigtaschen mit Brie

Für 4 Personen
300 g Brie de Meaux
1 Rolle fertiger Blätterteig
Pfeffer
4 EL Petersilie, gehackt
1 Eigelb
Öl zum Ausrollen und Fetten

Den Brie entrinden und in feine Scheiben schneiden.
Den Blätterteig auf einem schwach geölten Brett ausrollen. Mit einer Suppentasse vier große Kreise ausstechen.
Auf der Hälfte jedes Kreises den Brie dachziegelartig auflegen, dabei ½ cm Rand lassen. Mit frisch gemahlenem Pfeffer würzen und mit Petersilie bestreuen. Die andere Teighälfte darüberschlagen und die Ränder mit einer Gabel zusammendrücken.
Die Blätterteigtaschen auf ein gefettetes Backblech legen. Das Eigelb mit etwas Wasser verquirlen und den Blätterteig damit bepinseln.
Im vorgeheizten Backofen bei 200 °C 15 Minuten backen.
Heiß und goldgelb servieren, nach Belieben auf einem Bett aus grünem Salat.

Blätterteigtasche mit Brie.

VON DER CHAMPAGNE INS ELSASS

Die östlichen Gebiete

Die Ostseite Frankreichs, von der häufig kriegerische Auseinandersetzungen oder Überfälle drohten, ist im neuen Europa zu einem Gebiet geworden, das die Öffnung des Landes über seine jahrhundertealten Grenzen hinaus beweist. Und dennoch eine Gegend, die ihren Wurzeln treu bleibt: Die Käse der Region – vom Munster bis zum Chaource – sind dafür Zeugen.

EINE UNWIRTLICHE GEGEND

Rechte Seite: Ein imposanter hundertjähriger Baum, verwurzelt im alten französischen Boden mit Dunst über der blauen Linie der Vogesen in der Ferne. Und, um das Bild zu vervollständigen, eine Kuh.

Wenn man sich nach Osten wendet, zu jenen Grenzgebieten Frankreichs, die im Lauf der Geschichte oft Schauplatz kriegerischer Auseinandersetzungen mit dem deutschen Nachbarn waren, gelangt man in Landschaften, die von abweisender Kälte und herber Rauheit geprägt sind. Charles de Gaulle hatte hier nach Feldherrenmanier wie an einem symbolischen Ort seinen Wohnsitz gewählt, mit der blauen Linie der Vogesen fern am Horizont.

Und doch: Von der Champagne bis ins Elsass und nach Lothringen hinein zeigen die Ebenen und Hügel auch die Spur der Menschen, ihrer Kunstfertigkeit und ihrer Lebenskunst: eine menschliche Wärme, von der die Weine aus der Champagne und dem Elsass wie Botschafter künden und deren handfeste Gastronomie ihren stärkenden Reichtum offenbart. Hier liegt die Betonung auf einer Identität, die den Wechselfällen der Geschichte zu trotzen wusste und eine Persönlichkeit bewahrt hat, die einen harmonischen Platz im Mosaik der Gebiete und Sprachen findet, das die Vielfalt der Region ausmacht. Die Käse illustrieren dies nach außen hin. Sie haben ihre Eigenheit, eine Art und Weise, die sie unterscheidet und die sie stolz die Besonderheit der Landschaften und Gebiete vor sich hertragen lässt, aus denen sie stammen. Sie haben einen Riecher, das heißt, sie machen auf sich aufmerksam, und sie haben Charakter, denn sie beharren auf ihrer Originalität. Und wenn sie gute ländliche Düfte verströmen, liegt dies daran, dass die Weiden im Chaourçais wie auch auf dem Plateau von Langres oder in den Vogesentälern reich an wohlriechenden, aromatischen Gräsern sind.

Unter seiner orangefarbenen Rinde verströmt der cremige Teig des Munster einen kräftigen Geruch, der seinem Geschmack ebenbürtig ist.

Munster: das Reich der Sinne

Kuh • Weichkäse mit gewaschener Rinde • **Herkunft:** elsässische und lothringische Vogesen • **Durchmesser:** 13–19 cm • **Dicke:** 2,4–8 cm • **Gewicht:** 450 g–1,5 kg • **Herstellung:** Bauernhof (fermière) und Molkerei (laitière) • Rohmilch oder pasteurisierte Milch

Von den ostfranzösischen Käsen spiegelt der Munster die großzügige, warmherzige Seite dieses Landesteils am deutlichsten wider. Er reicht weit zurück, bis ins 7. Jahrhundert, als die Mönche des Klosters im Fechttal ihn erfanden, um die überschüssige Milch zu verwenden und damit die Bauern in der Umgebung zu ernähren: Etymologisch steckt wohl auch etwas vom Kloster (lateinisch: *monasterium*) in diesem Käse; das AOC-Siegel erhielt er unter dem Doppelnamen Munster-Géromé (nach der Vogesenstadt Gérardmer). Die Bauern auf der lothringischen Seite der Vogesen zahlten nämlich dem Herzog von Lothringen als Nutzungsgebühr für die Bergweiden eine Tagesproduktion Käse. Bis heute wird der Käse nach der gleichen altüberlieferten Methode hergestellt.

Die schwach entrahmte Milch, die reich ist an Aromen von den Weiden der Vogesen – Straußgras, Frauenmantel, Fenchel, Ruchgras, Waldstorchschnabel und viele andere –, wird leicht erhitzt und mit Milchsäurebakterien und Lab versetzt.

Der Käsebruch wird in walnussgroße Stücke geschnitten und in die Form geschöpft, wo er rund 20 Stunden abtropft. Nun wird der Käse herausgenommen, in Salzlake gebadet und in den Keller gebracht, wo er auf Horden ruht: mindestens zwei Wochen bei kleinen Exemplaren (13 Zentimeter Durchmesser und drei Zentimeter Dicke), bis zu drei Wochen bei großen Käsen (19 mal sieben bis acht Zentimeter).

Jeden zweiten Tag wird er mit einer Mischung aus lauwarmem Wasser und Rotkulturen gewaschen; dadurch erhält er seine orangefarbene Rinde, unter der sich ein geschmeidiger, cremiger Teig verbirgt, der sofort an seinem Geruch erkennbar ist: stark, aber ehrlich. Und sein Geschmack hält, was er verspricht.

Soll man nun zu Munster aus dem Elsass oder Munster aus Lothringen greifen? Sie sind gleichwertig, aber im Geschmack unterscheiden sie sich leicht. Und wie steht es mit Munster mit Kreuzkümmel? Sein Aroma ist ungewöhnlich, aber Puristen sagen, dass das Gewürz den Eigengeschmack des Käses überdeckt. Fest steht in jedem Fall: Je länger er reift, desto deutlicher und kräftiger schmeckt er. Und hat man ihn einmal gekostet, wird man ihn nicht so schnell wieder vergessen.

Die Tipps des Käsemeisters

• Natürlich empfehlen sich Weißweine aus dem Elsass: Pinot Gris (Grauburgunder), Gewürztraminer oder auch Pinot Noir (Blauburgunder). Man kann aber auch kräftige Rotweine wie einen Côtes-du-Rhône ausprobieren. Eine weitere Möglichkeit ist dunkles Bier.
• Optimal kommt der volle Geschmack des Munster zur Geltung, wenn man ihn mit heißen Pellkartoffeln verzehrt.

Langres

Kuh • **Weichkäse mit gewaschener Rinde** • **Herkunft:** Champagne, Vogesen, Côte d'Or • **Durchmesser:** 7,5–9 cm/16–20 cm • **Dicke:** 4–6 cm/5–7 cm • **Gewicht:** 150 g/800 g • **Herstellung:** Molkerei (laitière) • **Vollmilch**

Der Langres kommt aus den Vogesen, findet sich jedoch auch im Departement Haute-Marne bis ins Departement Côte d'Or hinein; er ist wie ein Becken nach innen gewölbt. Und ohne die fünf vorschriftsmäßigen Millimeter, die dieses Becken tief sein muss, ist es kein richtiger Langres! Die Form rührt daher, dass der Käse, nachdem er abgetropft ist und aus der Form genommen wurde, gesalzen und in einem Trockenraum auf Gitterroste gelegt wird, wo man ihn regelmäßig bürstet, aber nie wendet.

Hier sinkt er jeden Tag etwas mehr ein, während sich seine zunächst hellgelbe, später braunrote Rinde bildet. Durch die mindestens zwei- bis dreiwöchige Reife entwickelt er seinen durchdringenden Geruch, aber auch seinen Geschmack, der Stärke zeigt, ohne je aggressiv zu werden.

Eine beckenförmig nach innen gewölbte Oberfläche: Im Langres sammeln sich starke Geschmäcker.

Rechte Seite: Leicht flaumige Rinde und weißer Teig mit cremiger Tendenz – dieser Chaource erreicht gerade sein Reifestadium.

Der Langres ist kein sehr alter Käse: Er geht offenbar nur auf das 18. Jahrhundert zurück, wo er auf Bauernhöfen hergestellt wurde, und zwar aus Milch von Kühen, die auf den Weiden des Bassigny oder der Hochebene von Langres grasten. Zwar haben sich seither die Werkzeuge geändert – die *fromotte*, eine Tonform, und die *chasière*, einen geschlossenen Weidenkorb, in dem man ihn zum Trocknen auf Platanenblätter legte, bevor er auf Haferstroh reifte, hat man eingemottet –, doch die Herstellung ist die gleiche geblieben, ebenso wie die Herkunft der Milch. Und auch die beckenförmige Vertiefung erinnert noch immer daran, dass die Seine auf der Hochebene von Langres ihr Quellbecken hat.

Die Tipps des Käsemeisters

- Zu Langres ist Rotwein ein Muss: ein Meursault, ein Nuits-Saint-Georges, ein Mercurey oder sogar ein Médoc.
- Eine Lokaltradition ist es wert, erwähnt und ausprobiert zu werden: Einige Käser füllen die Vertiefung des Langres mit Marc de Champagne oder Marc de Bourgogne. Der Brand, den man mit dem Käse zu sich nimmt, macht seinen Geschmack unvergleichlich.

Ein Vogesen-Rind auf einer Hochebene in den Vogesen: Dies verspricht reichhaltige Milch und ebensolchen Käse.

Chaource

Kuh • Weichkäse mit flaumiger Rinde • Herkunft: Champagne • Durchmesser: 11 cm • Dicke: 3 cm • Gewicht: 250 g • Herstellung: artisanal • Rohmilch

Noch weiter westlich, im Herzen der feuchten Champagne, liegt Chaource, eine kleine Gemeinde einige Kilometer südlich von Troyes an den lehmigen Ufern von Aube und Yonne, die ihre fetten Weiden nutzt, um eine Milch zu produzieren, deren cremige Eigenschaft sich in ihrem Käse niederschlägt. Heute gehören die hier weidenden Kühe verschiedenen Rassen an, aber man findet immer noch die Simmentaler-Rinder, von denen diese reichhaltige Milch kommt. Sie wird sofort nach der Ankunft in der Käserei dickgelegt, gerinnt innerhalb von 24 Stunden und wird dann in perforierte zylindrische Formen ohne Boden gegossen, die man früher *chasserans* nannte. Dort tropft der Käse in aller Ruhe ab, bis er aus der Form genommen und mit Salz eingerieben oder in Salzlake gebadet wird. Anschließend reift er im Keller auf Roggenstrohmatten (oder rostfreien Horden), manchmal weniger als zehn Tage, normalerweise aber mindestens zwei Wochen; dann bildet sich eine braunere Rinde und ein intensiver Geschmack. Wenn man ihn zum optimalen Zeitpunkt verzehrt, besitzt er unter der Rinde mit weißem Schimmelflaum und leichten rötlichen Pigmentierungen einen feinen, glatten und weißen Teig, der den Duft von Pilzen und Sahne verströmt und einen fruchtigen, leicht säuerlichen Haselnussgeschmack entfaltet. Seine historischen Wurzeln sind unbekannt, aber man weiß, dass bereits Philipp der Schöne ihn schätzte. Bis in die 1950er Jahre wurde er hauptsächlich in Familienbetrieben hergestellt; die Bäuerinnen übergaben ihn den *cossoniers*, die ihn abholten, um ihn auf dem Markt von Troyes zu verkaufen. Seither ist er über die Grenzen der Region hinaus bekannt und eine Bereicherung jeder Käseplatte.

Die Tipps des Käsemeisters

- Chaource ist je nach Reifegrad sehr verschieden. Probieren Sie ihn in allen Reifestadien: ganz frisch, wenn die Rinde noch kaum zu sehen ist; halbreif, wenn der Teig cremig wird und die Rinde entsteht; reif, wenn die Rinde sich mit Flaum überzieht und der Teig zur Reife gelangt; sehr reif, wenn Rinde und Teig allmählich bräunlich werden.
- Der beste Wein zum Chaource ist zweifellos der Chablis oder ein trockener weißer Malvasier. Man kann Chaource jedoch auch zum Aperitif verzehren und dazu Champagner oder Portwein trinken.

Runde und quadratische Käse

Auf der lothringischen Seite der Vogesen oder, allgemeiner, in ganz Elsass-Lothringen hat der Munster eine solche Vormachtstellung, dass die anderen dort erzeugten Käse mehr oder weniger mit ihm in Beziehung stehen. Dies ist auch der Fall beim **Bargkass**, der in den Vogesen entstand, zunächst um die Milch zu verbrauchen, die bei der Herstellung des Munster übrig blieb. Er trägt seinen Namen »Bergkäse« zu Recht, da er wie ein großer Tomme mit 30 Zentimetern Durchmesser und sechs bis sieben Zentimetern Dicke geformt ist, der nach rund zweimonatiger Reifung, während der er ge-

bürstet und gewendet wird, eine gut ausgebildete dunkelbraune Rinde besitzt, unter der sich ein cremiger Teig verbirgt. Der in Lothringen hergestellte **Saint-Rémy** hat Ähnlichkeiten mit ihm, zwar nicht in Form und Größe, jedoch in der Herstellung und im Geschmack.

Gleichfalls quadratisch und ebenso groß ist der berühmte **Carré de l'Est**, der den Übergang zwischen Lothringen und der Champagne bildet, da er in beiden Regionen hergestellt wird. Obwohl es ihn fast nur noch industriell gefertigt gibt, besitzt er in den besten Fällen noch das, was seinen Ruhm ausmacht: eine schön weiße, flaumige Rinde, das Ergebnis einer dreiwöchigen Reifung, einen geschmeidigen Teig, einen leichten Pilzgeruch und eine Cremigkeit, die an Coulommiers oder Brie erinnert.

Den Einfluss des Munster und vor allem des Langres findet man in der Champagne selbst beim **Chaumont**. Nach einer zweimonatigen Reifung im Feuchtkeller präsentiert er sich als seltsamer kleiner Kegelstumpf mit kaum zehn Zentimetern Höhe und rotbrauner Rinde, die einen geschmeidigen und relativ prägnant schmeckenden Teig verhüllt.

Im Allgemeinen jedoch sind die Käse der Champagne von zwei unterschiedlichen Traditionen beeinflusst. Sie setzen entweder die Reihe der Klosterkäse fort wie der **Igny**, der von den Trappisten der gleichnamigen Abtei im Departement Marne hergestellt wird. Mit seiner flachen Scheibenform von 20 mal vier Zentimetern besitzt er nach zweimonatiger Reifung im Feuchtkeller eine gewaschene Rinde in einem schönen Hellgelb, dazu einen geschmeidigen, geruchsschwachen und nicht sehr prägnant schmeckenden Teig. Oder, und das sind die meisten von ihnen, sie entwickeln die alte Tradition der Aschenkäse weiter, die man mit dem Cendré d'Aisy oder dem Olivet Cendré in Burgund findet.

In der Region Champagne-Ardennes ist der bekannteste Aschenkäse der **Rocroi**: Er wird gesalzen und in den Trockenraum gebracht, wo er einen leichten Blauschimmel entwickelt; dann wird die Blaufärbung durch Bürsten entfernt, und der Käse reift noch einen Monat im Naturkeller, wo er einen rotbraunen Farbton annimmt. Abschließend wird er in Holzasche gewälzt. Ein Käse mit einem starken, unverkennbaren Geschmack und außerdem der einzige französische Käse mit null Prozent Fett – ein echter Glücksgriff!

Ebenfalls geascht ist der **Barberey** aus der Gegend um Troyes, der sich als Scheibe mit zwölf bis 13 Zentimetern Durchmesser und drei Zentimetern Dicke präsentiert; in Holzasche gereift, besitzt er einen schwach seifigen Geschmack, der streng werden kann.

Den gleichen Geschmack, aber noch stärker ausgeprägt, hat der **Cendré d'Argonne**. Er steht dem Barberey nahe und erhält durch die Reifung in Asche einen pikanten Teig, der auf Fingerdruck nachgibt.

Die Tipps des Käsemeisters

- Bargkass verzehren Sie am besten im Sommer zusammen mit dunklem Sauerteigbrot zu einem Blauburgunder.
- Der prägnante Geschmack von Saint-Rémy oder Chaumont verlangt nach körperreichen Rotweinen: einem Moulin-à-Vent oder einem Saint-Émilion.
- Die Milde des Carré de l'Est hingegen passt besser zu fruchtigen Rotweinen, vorzugsweise Burgundern.

Der Favorit des Käsemeisters

Riceys: sanftes Feuer unter der Asche

Kuh • Weichkäse • Herkunft: Champagne • Durchmesser: 11 cm • Dicke: 3 cm • Gewicht: 250 g • Herstellung: artisanal • Rohmilch

Unter den verschiedenen Aschenkäsen der Champagne kann man dem Riceys, der im Departement Aube hergestellt wird, einen besonderen Platz einräumen. Erntearbeiter und Winzer verzehrten ihn seit jeher zur Brotzeit oder zum Abschluss des Essens – in Weinbaugebieten auch heute noch. Wie seine in Asche gereiften Gefährten ruht er ein bis zwei Monate im Feuchtkeller, gewöhnlich in Kisten, die mit Rebasche gefüllt sind. Dadurch entsteht ein halbfetter bis fettarmer Käse in Scheibenform mit dunkelgrauer Rinde, die sich an den Fingern seltsam staubig anfühlt und die man mit ihrem leichten, angenehmen Räuchergeschmack auch im Mund als seltsam empfindet. Unter der Aschenrinde, die im Allgemeinen von Buchen- oder Espenholz stammt, verbirgt sich ein Teig in einem schönen Elfenbeinton, fest, aber auf Fingerdruck nachgiebig, dessen stark fruchtiger Geruch einen seifigen Geschmack hervorhebt, wie er für die Reifung in Asche typisch ist.

Auf manchen Bauernhöfen wird der Riceys bis heute hergestellt, ebenso in einigen kleinen Molkereien, die seinen gleichzeitig milden und typischen Charakter zu bewahren wissen.

Der Tipp des Käsemeisters

Zu Aschenkäsen aus der Champagne, besonders Riceys, sind kräftig gebaute Weine ein Muss: ein roter Bouzy oder ein Bourgueil. Man kann aber auch Weine aus der Region wählen, etwa einen Rosé de Riceys, den die Winzer der Gegend trinken.

Der Riceys zeigt am deutlichsten die Tradition der großen Aschenkäse der Champagne.

Wirsing mit Chaource

Für 4 Personen
ca. 12 große, zarte Wirsingblätter, ganz
250 g Chaource
100 g Crème fraîche
1 EL Olivenöl

Die Wirsingblätter in einem großen Topf in reichlich Salzwasser blanchieren.
In der Zwischenzeit den Chaource entrinden. Die Crème fraîche erhitzen und den in Stücke geschnittenen Käse hinzufügen. Wenn die Mischung zu einer homogenen Masse wird, das Olivenöl einrühren.
Von den Wirsingblättern die harte Blattader herausschneiden. Auf jedes Blatt ein bis zwei Esslöffel Käsemasse geben. Das Blatt zu einem Päckchen falten und mit Küchengarn umwickeln.
Im vorgeheizten Ofen bei 180 °C 5 Minuten erwärmen.

Röstbrot mit weißem Langres

Für 4 Personen
1 kleiner weißer Langres, frisch aus der Form und ungereift
je 10 g Petersilie, Estragon und Schnittlauch, gehackt
Salz und Pfeffer
4 Scheiben Landbrot
250 g Crème fraîche

Den weißen Langres mit den Kräutern vermengen, leicht salzen und mit frisch gemahlenem Pfeffer würzen.
Die Brotscheiben in eine feuerfeste Form legen und dick mit der Käse-Kräuter-Mischung bestreichen. Die Crème fraîche in Klecksen darauf verteilen und die Brote im vorgeheizten Ofen bei 200 °C 10 Minuten backen.

Toast mit Stopfleber und Chaource

Für 4 Personen
400 g Stopfleber, gegart
100 g Chaource
8 Scheiben Honigkuchen
200 g Feigen, getrocknet

Die Stopfleber und den Chaource in feine Scheiben schneiden.
Je eine Schicht Stopfleber und Käse zwischen zwei Scheiben Honigbrot legen, eine Schicht Stopfleber obenauf.
Den Toast unter dem Grill überbacken und mit einer Feige garnieren.
Zu einem lieblichen elsässischen Weißwein servieren.

Gefüllte Kartoffeln mit Munster

Für 6 Personen
30 nicht zu große junge Kartoffeln (Grenaille oder La Ratte)
250 g Munster
Butter
300 g gemischter Blattsalat
Salatsauce (6 EL Walnussöl, 2 EL Cidreessig, 1 EL lauwarmes Wasser, 50 g Kreuzkümmel, 1 gehackte Schalotte)

Die Kartoffeln mit der Schale kochen.
Von den ungeschälten gekochten Kartoffeln einen Deckel abschneiden, diesen beiseite legen. Die Kartoffeln mit einem kleinen Messer oder einem scharfkantigen kleinen Löffel aushöhlen.
Von dem Munster die Rinde abreiben und den Käse in kleine Würfel schneiden. Die Kartoffeln damit füllen und die Deckel wieder auflegen.
Die Kartoffeln in eine Auflaufform setzen, mit Butterflöckchen belegen und 10 Minuten im auf 180 °C vorgeheizten Ofen gratinieren.
Für die Salatsauce alle flüssigen Zutaten mit dem Kreuzkümmel im Mixer vermischen, anschließend die Schalotten zugeben.
Die Kartoffeln heiß mit dem zubereiteten Salat servieren.

Quiche mit Munster

Für 6 Personen
300 g salziger Mürbeteig (Fertigprodukt oder selbst gemacht aus 180 g Mehl, 90 g kalter Butter, ½ TL Salz, 1 Ei)
2 große Lauchstangen ohne Grün
30 g Butter
150 g Räucherspeck, gewürfelt
500 g cremiger Munster
6 Eier
250 g Crème fraîche
Salz und Pfeffer
Muskatnuss

Den Mürbeteig ausrollen, eine gebutterte Tarteform damit auskleiden, den Teig mit einer Gabel mehrmals einstechen und kalt stellen.
Den Lauch gründlich waschen, in Scheiben schneiden und in der Butter anschwitzen. Ein Glas Wasser dazugießen und den Lauch zugedeckt garen, beiseite stellen.
Den Speck in einer Pfanne anbraten, herausnehmen und beiseite stellen. Den Munster entrinden, in feine Scheiben schneiden und auf dem Teig verteilen. Die Eier in einer Schüssel verquirlen und mit der Crème fraîche, Salz, frisch gemahlenem Pfeffer, Muskatnuss, Lauch und Speckwürfeln vermischen.
Die Masse auf den Teig und den Munster gießen und die Tarte etwa 1 Stunde im auf 200 °C vorgeheizten Ofen backen. Heiß servieren.

Cremige Tarte mit Chaource

Für 6 Personen
300 g salziger Mürbeteig (Fertigprodukt oder selbst gemacht aus 180 g Mehl, 90 g kalter Butter, ½ TL Salz, 1 Ei)
50 g Mehl
50 g Butter
500 ml Milch
3 EL Crème double
3 Eier, getrennt
2 EL Schnittlauchröllchen
Salz und Pfeffer
Muskatnuss
1 cremiger Chaource

Den Mürbeteig ausrollen, in eine mit Butter ausgestrichene Tarteform legen, mehrmals mit einer Gabel einstechen und 20 Minuten an einem kühlen Ort ruhen lassen.
Für die Béchamelsauce das Mehl 2 Minuten bei schwacher Hitze in der Butter anschwitzen, die kalte Milch angießen und bei starker Hitze unter Rühren zum Kochen bringen. Vom Herd nehmen, die Crème double, die Eigelbe, den Schnittlauch sowie je eine Prise Muskatnuss, Salz und frisch gemahlenen Pfeffer zugeben.
Die Eiweiße zu steifem Schnee schlagen und vorsichtig unter die Béchamelsauce heben. Die Sauce gleichmäßig auf dem Teig verteilen. Den Käse mit der Rinde in Scheiben schneiden, diese halbieren, kreisförmig auf der Sauce verteilen und leicht eindrücken. In den auf 180 °C vorgeheizten Ofen geben und 30 Minuten backen. Frisch aus dem Backofen servieren.

Kartoffelkuchen mit Munster

Für 4 Personen
200 g Kartoffeln
100 g reifer Munster
150 g junger Munster
1 Packung Blätterteig
2 Schalotten, fein gewürfelt
100 g Crème fraîche
Salz und Pfeffer

Die Kartoffeln mit der Schale kochen, pellen und in feine Scheiben schneiden. Beide Käsesorten in feine Scheiben schneiden.
Eine Tarteform mit drei Viertel des Blätterteigs auslegen. Die Kartoffeln, den Käse und die Schalotten gleichmäßig darauf verteilen. Mit Crème fraîche bedecken und mit Salz und frisch gemahlenem Pfeffer würzen. Mit dem übrigen Blätterteig abdecken.
Im vorgeheizten Ofen bei 180 °C etwa 30 Minuten backen.

Feine Käsetaler aus den Vogesen

Für 6 Personen
1 Bund Schnittlauch
10 g Kerbel
10 g Estragon
450 g gegarte Andouille du Val d'Ajol (französische Kaldaunenwurst)
2 Eier
150 g Speisequark
30 ml Genever
Pfeffer, Muskatnuss
150 g ziemlich fester Munster
3 feine Scheiben Räucherspeck
100 g Sahne
100 g Feldsalat

Den Schnittlauch in Röllchen schneiden, den Kerbel und Estragon hacken, die Andouille in kleine Würfel schneiden.
Aus Backpapier sechs Kreise mit 10 cm Durchmesser ausschneiden, backofenfeste Ringe mit entsprechendem Durchmesser damit auslegen.
Die Wurst und die Schnittlauchröllchen in den Ringen verteilen.
Die Eier mit dem Quark und Genever verrühren, mit frisch gemahlenem Pfeffer sowie Muskatnuss würzen und über die Wurst geben.
Den Käse entrinden und in kleine Stücke schneiden. Den Speck in schmale Streifen schneiden und in einer Pfanne leicht anbraten. Beides auf der Eiermasse verteilen.
Die Mischung in den Ringen im vorgeheizten Ofen bei 180 °C 20 Minuten backen.
Vor dem Servieren die Sahne aufkochen, Kerbel und Estragon zufügen. Die Ringe und das Backpapier entfernen, die Taler auf Tellern anrichten und mit der Kräutersahne übergießen. Mit Feldsalat oder, wenn man die Kombination salzig/süß vorzieht, mit einigen gebratenen Apfelscheiben servieren.

Aschenkäse-Lauch-Tarte

Für 4 Personen
2 große Lauchstangen
1 Prise Muskatnuss
Olivenöl
Salz und Pfeffer
5 Blätter Filoteig
25 g Butter, zerlassen
4 EL Speisequark
1 Riceys
1 Prise Oregano

Die Lauchstangen von Spitzen und Wurzelansätzen befreien, längs halbieren, waschen und in kleine Stücke schneiden. In einen Topf mit etwas Wasser, einer Prise Muskatnuss, etwas Olivenöl, Salz und frisch gemahlenem Pfeffer geben und zugedeckt 10 Minuten unter gelegentlichem Rühren garen. Abgießen und abkühlen lassen.
Jedes Filoteigblatt mit zerlassener Butter bestreichen und die Blätter in eine Tarteform schichten. Backpapier darauflegen, mit Hülsenfrüchten beschweren und 8 Minuten bei 200 °C im vorgeheizten Ofen blindbacken.
Das Backpapier und die Hülsenfrüchte entfernen und den Teig weitere 3 Minuten backen, anschließend aus dem Backofen nehmen. Den Speisequark auf den Teig streichen, Lauch daraufgeben. Den Riceys in Scheiben schneiden, auf das Gemüse belegen und mit Oregano bestreuen.
Bei 180 °C für 10 Minuten in den Backofen geben. Heiß servieren, nach Belieben mit etwas gemischtem Blattsalat als Beilage.

Munster-Bargkass-Omelett

Für 4 Personen
Butter
200 g Zwiebeln
100 g Räucherspeck, gewürfelt
6 Eier
80 g Munster
80 g Bargkass
Salz und Pfeffer

Etwas Butter in einer Pfanne zerlassen und die Zwiebeln darin anschwitzen, Speckwürfel zugeben und anbraten.
In der Zwischenzeit die Eier verquirlen und den Käse in kleine Würfel schneiden.
Wenn der Speck schön gebräunt ist, den Käse zufügen und schmelzen lassen. Zum Schluss die Eier darübergießen, mit Salz und frisch gemahlenem Pfeffer würzen.
Heiß servieren, eventuell auf großen Scheiben Landbrot. Als Getränk eignet sich ein Gewürztraminer.

Elsässer Baeckeofe mit Munster

Für 4 Personen
400 g Kartoffeln
150 g reifer Munster
150 g junger Munster
80 g Crème double
100 g Schalotten, in feine Ringe geschnitten
1 großes Glas Gewürztraminer

Die Kartoffeln mit Schale in Wasser kochen, pellen und in feine Scheiben schneiden.
In eine Auflaufform abwechselnd Kartoffelscheiben, in feine Scheiben geschnittenen Munster, Crème double und Schalotten geben.
Auf diese Weise mehrere Schichten bilden, am Ende den Gewürztraminer angießen.
Im vorgeheizten Ofen bei 200 °C mindestens 45 Minuten backen.

Elsässer Baeckeofe mit Munster.

VON BURGUND INS LYONNAIS

Brot, Wein und Käse

Achtung! Man betritt ein Schlemmerland ... In Burgund wie im Lyonnais weiß man, was Trinken heißt: Die Grands Crus schießen hier wie Pilze aus dem Boden. Und natürlich isst man entsprechend dazu: Schnecken, Wurstwaren, Rinderkutteln, das hat Gehalt. Und die Käse sind dazu da, zum Wein verzehrt zu werden und die Mahlzeit angenehm ausklingen zu lassen.

VON DER SAÔNE AN DIE RHÔNE

Rechte Seite: Von den Hügeln Burgunds zu den Bergen des Lyonnais beherrschen Weinberge das Bild. Aber es ist auch Platz für Kühe und Käse.

Verlässt man die Champagne und das Elsass, um in Richtung Burgund und dann weiter südlich durch das Beaujolais ins Lyonnais und an die steilen Hänge über dem Rhonetal zu reisen, wo der Fluss endgültig Kurs nach Süden nimmt, folgt man zweifellos einem Königsweg: einer einzigartigen Weinstraße, die vom Côtes-de-Beaune über den Côtes-Rôties, den Romanée-Conti und den Gevrey-Chambertin bis hin zum Moulin-à-Vent oder Pouilly-Fuissé die Etiketten der bedeutendsten Grands Crus entlang eines Weges vorbeiziehen lässt, der wie ein Weinlehrpfad erscheint. Diese vorherrschende Rolle des Weins ist nicht ohne Zusammenhang mit der Bedeutung, die man dem Käse hier beimisst. Seit langer Zeit hatten die Winzer die Gewohnheit, den Pausen, die ihren harten Arbeitstag gliederten, das gebührende Gewicht zu verleihen. Und da der Käse der bestmögliche Begleiter der Weine war, die sie erzeugten, gaben sie ihm selbstverständlich den wichtigsten Platz in ihrer Pausenmahlzeit. So entstand eine komplementäre Familienwirtschaft – Rinderzucht auf der einen, Weinbau auf der anderen Seite –, die in der Folgezeit, als sich die Käseherstellung vom Bauernhof in die Molkerei verlagerte, beidem zugute kam. Die burgundischen Weine wurden die besten Vertreter der Käse ihrer Ursprungsregion, und die Entdeckung weniger bekannter Sorten – neuen Anwärtern auf die AOC-Herkunftsbezeichnungen, die ihnen in letzter Zeit auch zuerkannt wurden – bringt die verschiedenen Weine, deren ideale Begleiter sie sind, auf nicht unerhebliche Weise zur Geltung.

Époisses: die Düfte des Burgund

Kuh • Weichkäse mit gewaschener Rinde • Herkunft: Burgund • Durchmesser: 16,5–19 cm • Dicke: 3,5–4,5 cm • Gewicht: 700 g–1,1 kg • Herstellung: Molkerei (laitière) • Rohmilch

Der Epoisses, dessen Herstellungsgebiet einen großen Teil des Departements Côte-d'Or umfasst, ist hauptsächlich ein Produkt aus Nordburgund. Er reicht jedoch auch in einige Gemeinden im Süden der Departements Haute-Marne und Yonne hinein und bildet somit den perfekten Übergang zu den großen Käsen Nord- und Ostfrankreichs – dem Maroilles oder dem Langres –, mit denen er den ausgeprägten Charakter gemeinsam hat. Daneben hat er auch seine Eigenständigkeit – und ein stolzes Alter: Die Zisterziensermönche der Region, die seit dem 16. Jahrhundert im Dorf Epoisses ansässig waren, sollen ihn geschaffen haben, bevor ihn der Graf von Guitaut ein Jahrhundert später am Hof Ludwigs XIV. einführte. Wie es sich auch immer mit seiner Karriere bei Hof verhält – die bescheidenere Geschichte von Arbeit und Alltag zeigt deutlich, dass er vor allem ein Käse der Bauern ist, dessen Rezept die Frauen einander von Generation zu Generation weitergaben und von dem die Gebäude mit ihren zahlreichen Vorratsräumen und Reifekellern immer noch zeugen. Und auf den Wiesen stehen bis heute Kühe hauptsächlich einheimischer Rassen und liefern eine Milch mit ganz natürlicher Frische.

Die Herstellung des Epoisses weist ein besonderes Merkmal auf: Als einziger AOC-Käse mit gewaschener Rinde wird er durch Milchsäuregärung hergestellt, das heißt, die Milch gerinnt durch die Wirkung der natürlichen Milchsäurebakterien mit sehr wenig Labzusatz. Der Käsebruch wird vorsichtig von Hand geschöpft, damit er nicht bricht, und tropft 24 Stunden ab, bevor man den Käse aus der Form nimmt und auf Horden legt, wo er jeden zweiten oder dritten Tag mit Salzwasser gewaschen wird und zu reifen beginnt. Nach rund zwei Wochen verändert die Rinde allmählich ihre Farbe zum Rötlichen hin. Nun kommt der Marc de Bourgogne ins Spiel: Der Käser vermischt ihn mit Wasser, um den Käse in den folgenden zwei Wochen damit zu waschen. Dadurch erhält dieser seinen Duft, während seine Rinde immer stärker kupferfarben wird und sich mit zunehmender Reife, die den Geschmack weiter verstärkt, dunkler färbt. Der auf diese Weise zur Reife gelangte Epoisses ist am Geruch erkennbar. Doch so kräftig er auch in

Eine Landschaft in Nordburgund, der Heimat des Epoisses.

die Nase steigt, bietet er als Kontrast dazu einen fruchtigen, weichen, cremigen Teig mit einer schönen Elfenbeinfarbe. Gleichzeitig stark und mild, beweist er, dass die Vereinigung der Gegensätze beim Käse nicht unmöglich ist.

Die Tipps des Käsemeisters

• Epoisses sollte man zwischen Juli und Februar verzehren, dann ist er am cremigsten. Lassen Sie ihn ruhig verlaufen, er wird dadurch nur besser.
• Der Käse sollte in der Originalverpackung an einem kühlen Ort aufbewahrt werden.
• Bei diesem Käse stehen mehrere Weine zur Auswahl: Das kann ein Weißwein sein – wählen Sie in diesem Fall einen Chablis, einen Puligny-Montrachet oder einen Santenay – und auch ein junger, kraftvoller Rotwein, etwa ein Savigny-les-Beaune oder ein Monthelie; aber natürlich auch ein alter Marc de Bourgogne.

Mâconnais

Ziege • **Weichkäse** • **Herkunft:** Burgund • **Durchmesser:** 4–5 cm • **Dicke:** 3–4 cm • **Gewicht:** 50–60 g • **Herstellung:** Bauernhof (fermière) oder artisanal • **Rohmilch**

Dank zweier kürzlich vergebener AOC-Siegel kann der Käseliebhaber nun von den Ufern der Saône an die Ufer der Rhone reisen. Zunächst hat sich in der Nähe von Mâcon ein anderer burgundischer Käse allmählich weiter südlich gegen die lange Alleinherrschaft des Epoisses durchgesetzt. Der Mâconnais, der sich schon beim Namen auf seine Herkunft beruft, ist nicht sehr groß, aber er hat sich seinen Platz erkämpft. Seine Besonderheit besteht in seiner Herstellung aus Ziegenmilch (man nannte ihn früher auch manchmal *chèvreton*; *chèvre* = Ziege) oder Kuhmilch oder einer Mischung von beiden. Das AOC-Siegel hat er jedoch als Ziegenkäse

Kupferfarbene Rinde, speckiger, cremiger Teig: Der Charakter des Epoisses fällt sofort ins Auge – und steigt in die Nase.

erhalten. In allen Fällen reift er trocken im belüfteten Keller rund zwei Wochen oder länger, wenn man einen trockeneren Käse mit salzigerem Geschmack erhalten möchte. Während der ganzen Reifezeit hängt er in der Luft, ohne gewendet zu werden, wodurch er seine besondere Form erhält. Der ungepresste, nicht erhitzte elfenbeinfarbene Teig ist je nach Reifedauer zart oder hart. Er verströmt unter einer naturfarbenen Rinde in einem cremefarbenen oder bläulichen Ton einen angenehmen frühlingshaften Geruch, der von den Wildkräutern herrührt, die die Ziegen der Rassen Poitevine oder Alpine an den Wegrändern fressen.

Die tapferen Ziegen konnten sich gegen jeden Widerstand durchsetzen: Hier im Weinbaugebiet führte ihre Neigung, alles unterschiedslos zu fressen und auch echte Schäden in den Weinbergen anzurichten, dazu, dass viele sie am liebsten hätten verschwinden sehen. Durch die Hartnäckigkeit der Bauern blieben sie jedoch erhalten. Und das ist ein Glück: Indem der Mâconnais die Absatzwege des Weins nutzte, verbreitete er seinen Ruhm weit über seine Herkunftsregion hinaus. Und heute erreicht die Käseherstellung den gleichen Umfang wie die Weinproduktion: Die beiden passen eben von Natur aus zusammen!

Die Tipps des Käsemeisters

• Wir befinden uns im Mâconnais: Bevorzugen Sie daher einen Wein aus Cru-Lage, vorzugsweise einen Weißwein, etwa einen Chassagne-Montrachet oder einen Pouilly-Fuissé.
• Feinschmecker sollten eine Scheibe Mâconnais mit einem Stück Schokolade kosten.

Rigotte de Condrieu

Ziege • Weichkäse • Herkunft: Lyonnais, Departement Loire, Dauphiné • Durchmesser: 3–4 cm • Dicke: 1,5–3 cm • Gewicht: 30 g • Herstellung: artisanal • Rohe Vollmilch

Da es beim Käse immer noch Neues zu entdecken gibt und die AOC-Siegel vergeben werden, um diejenigen auszuzeichnen und zu erhalten, die eine echte Identität errungen haben, soll hier die Rede von einem ganz kleinen Käse sein, der erst vor kurzem das Siegel erhalten hat, das ihm auch zustand. Er stammt aus dem äußersten Norden der Dauphiné und des Rhone-Gebiets, aus dem Massif du Pilat an der Grenze des Lyonnais, woher er auch ursprünglich kam, als er noch ausschließlich aus Ziegenmilch hergestellt und auf den Lyoner Märkten in Packen zu einem Pfund verkauft wurde. Es handelt sich um den Rigotte de Condrieu. Seinen Namen hat er vielleicht von dem berühmten italienischen Ricotta. In jedem Fall besitzt er trotz seiner geringen Größe eine ganz eigene Persönlichkeit; die verschiedenen Rigotte-Sorten sind vom Lyonnais bis an die Loire und in die Dauphiné seit langem bekannt. Sie können sich in der Form unterscheiden, bleiben aber immer ziemlich klein. Der Rigotte de Condrieu wird von Hand geformt, reift zwei bis drei Wochen und entwickelt dabei eine kaum spürbare Rinde, die mit Annatto rot gefärbt wird, aber auch blassgelb oder blau sein kann. Der weiche, ungepresste und nicht erhitzte Teig, der weiterhin aus roher Ziegenvollmilch besteht, selbst wenn nicht anerkannte Varianten mit Kuhmilch oder halb aus Ziegenmilch hergestellt werden, entwickelt Kraft und Feinheit, Festigkeit und Geschmeidigkeit, hier mit trockenerer Konsistenz als in den Nachbarregionen.

Die Tipps des Käsemeisters

- Rigottes-Sorten kann man das ganze Jahr über und zu vielen Gelegenheiten verzehren: auf der Käseplatte zum Abschluss der Mahlzeit oder auch zum Aperitif.
- Leichte, fruchtige Rotweine wie Côtes-du-Rhône, Côtes-du-Lyonnais oder auch Beaujolais passen besonders gut dazu. Auch ein leichter Bordeaux ist geeignet.

Er ist immer klein, der Rigottes de Condrieu, und obwohl von fester Konsistenz zergeht er förmlich auf der Zunge.

Linke Seite: In seiner nach oben verjüngten Kegelform ist der Mâconnais hier bereits schön trocken und schmeckt angenehm nach Ziege.

Aus der Epoisses-Familie

Der Soumaintrain sieht dem Epoisses zum Verwechseln ähnlich, schmeckt jedoch ganz charakteristisch.

Der Epoisses ist so eng mit seinem Herkunftsgebiet verbunden, dass es in Burgund noch zahlreiche andere Varianten davon gibt. So findet man nach Belieben der örtlichen Hersteller Käse, die mit ihm zwar eine Familienähnlichkeit aufweisen, jedoch ohne Scheu ihre eigene Identität behaupten, etwa den **Saint-Florentin** und den **Soumaintrain**, die beide in der gleichen Gegend des Departements Yonne hergestellt werden. Durch die zweimonatige Reifung im Feuchtkeller, wo sie mit Salzwasser und Rotkulturen gewaschen werden, damit sich die Rotschmiere bildet – nicht wie der Epoisses mit Alkohol –, entsteht ein scheibenförmiger Käse, dessen glatte, glänzende Rinde einen warmen rotbraunen Farbton angenommen hat und dessen durchdringend riechender Teig seine Herkunft deutlich am Geschmack erkennen lässt.

Etwas weniger deftig ist der Geschmack des Klosterkäses **Pierre-Qui-Vire**. Zwar handelt es sich auch hier um einen ungepressten, nicht erhitzten Weichkäse aus Kuhmilch, der zwei Monate im Feuchtkeller reift und mit Salzlake gewaschen wird; auch er besitzt eine rötliche Rinde und einen geschmeidigen Teig mit durchdringendem Geruch, jedoch hat er einen leicht sauren Geschmack, der seine Besonderheit ausmacht. Von ihm gibt es auch eine Abwandlung, den **Boule des Moines**, der mit Knoblauch, Schnittlauch und Pfeffer aromatisiert wird und alle Geschmacksknospen in Ekstase versetzt.

Ein ganz andersartiges Aroma entströmt dem **Affidélice**. Auch er ist eng mit dem Epoisses verwandt und wird auf die gleiche Weise hergestellt. Seine Besonderheit ist jedoch, dass er mindestens vier Wochen nicht mit Marc de Bourgogne, sondern mit Chablis gewaschen wird: Dadurch entsteht ein nicht ganz so deftiger Teig, der im Mund einen angenehmen Geschmack hinterlässt, eben wie der Wein, der ihm seine Farbe gegeben hat. Auch ein angenehmes Aroma beschert der

Aisy Cendré: Er wird aus mehreren burgundischen Käsen hergestellt, vor allem aus Epoisses, und wie dieser mit Marc de Bourgogne gewaschen, danach aber, und dies ist seine Besonderheit, reift er einen Monat lang unter Holzasche. Die Spuren davon zeigen sich auf der Rinde, und der Teig bietet einen schmackhaften Kontrast zwischen einer mild-cremigen Textur und einem leicht gipsigen, trockenen, salzigen Kern.
An gesonderter Stelle muss in diesem Reigen um den Epoisses der **Cîteaux** erwähnt werden, den die Trappistenmönche des Klosters herstellen; er steht der Tradition der Klosterkäse mit gepresstem, nicht erhitztem Teig näher. Diese alte Tradition wird mit den gut 60 Montbéliard-Rindern, die dafür ihre Milch geben, munter fortgeführt. Dabei entsteht ein Käselaib mit rund 20 Zentimetern Durchmesser und gewaschener, zart orangefarbener Rinde, dessen geschmeidiger, elastischer Teig angenehm fruchtig nach Wiesenkräutern schmeckt.

Drei Hosenknöpfe (boutons de culotte): Sie machen Appetit!

Die Tipps des Käsemeisters

- Zu einem Saint-Florentin oder einem Soumaintrain ist ein gut gekühlter roter Burgunder aus Irancy ideal. Versuchen Sie es aber auch mit einem Weißwein aus der Region: einem Bourgogne Aligoté oder einem Chablis. Und verzehren Sie den Käse mit grünem Salat auf warmen Croûtons.
- Zu Pierre-Qui-Vire oder Boule des Moines wie zu Affidélice passt am besten ein Savigny-les-Beaune.
- Die besondere Konsistenz des Aisy Cendré entfaltet ihren ganzen Geschmack zu einem Corton.
- Zu Cîteaux wählt man am besten einen leichten, fruchtigen roten Burgunder.

Aus der Ziegenkäse-Familie

In Burgund gibt es auch schöne Ziegenkäse, die meist von den Winzern zur Brotzeit verzehrt wurden. So war und so ist es immer noch bei dem berühmten **Bouton de culotte** (französisch: Hosenknopf), ursprünglich einem reinen Ziegenkäse, der aber dank seiner Bekanntheit bisweilen auch aus Kuhmilch oder einer Mischung von beiden hergestellt wird. Mit seiner runden Form von vier Zentimetern Durchmesser und vier Zentimetern Dicke ist er sehr klein. Nach zweiwöchiger Reifung wird er ganz besonders zur Zeit der Weinernte geschätzt. Dann besitzt er eine schwach bläuliche Rinde und einen festen Teig mit Vollmilchgeschmack. Man kann ihn im Vorratsraum jedoch auch aufbewahren; so eignet er sich ebenso für den Verzehr im Winter und seine grauer gewordene Rinde umhüllt dann einen trockeneren, härteren Teig mit einem etwas herberen Geschmack.

Deutlich milder erscheint der **Charolais**, der in der Form an ein kleines Fass mit leicht gewölbten Seiten erinnert und den seit jeher, von Generation zu Generation, die Frauen in der Region herstellen. Obwohl er im Allgemeinen ein reiner Ziegenkäse ist, wird bisweilen auch Kuhmilch mitverwendet; eine Tradition besagt, dass er aus der Milch vom Melken zweier Ziegen und einer Kuh zubereitet werden soll. Er ist etwas breiter (fünf Zentimeter Durchmesser) und deutlich höher (acht Zentimeter) als der Bouton de culotte und bringt die Qualitäten der Milch besonders gut zur Geltung. Während der zwei- bis sechswöchigen Reifung entwickelt er eine Naturrinde mit blauen und weißen Schimmelflecken; der Ziegengeschmack des festen Teigs wird durch eine schwach haselnussartige Note verstärkt, wenn man ihn schön trocken verzehrt.

Auch der Geschmack der verschiedenen **Chevrotins** aus dem Bourbonnais, Conne, Moulins und Souvigny täuscht nicht; nach längerer oder kürzerer Reifung (eine Woche beim Bourbonnais bis zu sechs Wochen beim Conne) weisen sie unter der dünnen Rinde einen geschmeidigen oder festen, aber stets cremigen Teig auf, dessen haselnussartiger Geschmack ideal zu einem kleinen Imbiss passt.

Beim **Chèvre au Marc de Bourgogne** hingegen ist der Geschmack deutlich stärker, selbst wenn auch er einen leichten Haselnussgeschmack bewahrt. Er wird in den Hochlagen von Gevrey-Chambertin hergestellt und erinnert durch die Reifung mit Marc de Bourgogne und durch seine orangefarbene Rinde ein wenig an Epoisses. In Burgund kommt man eben immer auf ihn zurück ...

Eine typische Landschaft in Burgund: Wir befinden uns im Charolais, dem Land der gleichnamigen weißen Rinder, deren Milch zur Herstellung der einheimischen Spezialität, des Charolais, mit Ziegenmilch vermischt werden kann.

Die Tipps des Käsemeisters

- Zu Bouton de culotte passt ein Chablis.
- Charolais lässt sich sehr gut mit einem Mercurey oder einem Rully kombinieren. Dies ist übrigens ein Käse, der die Qualitäten eines Weins in idealer Weise hervorhebt, weshalb man ihn zu Weinproben verwendet.
- Zu den verschiedenen Chevrotins wählt man einen leichten, fruchtigen Wein: Beaujolais, Bugey oder einen Saint-Pourçain.
- Zu einem Chèvre au Marc de Bourgogne ist ein einheimischer Gevrey-Chambertin ideal. Man kann aber auch einen Pouilly Fumé in Betracht ziehen.

Der Favorit des Käsemeister

Trou du Cru: starke Gefühle

Kuh • Weichkäse mit gewaschener Rinde • Herkunft: Côte-d'Or • Durchmesser: 3 cm • Dicke: 3 cm • Gewicht: 60 g • Herstellung: Molkerei (laitière) • Vollmilch

Mit seinem Namen, der im Französischen an ein derbes Schimpfwort erinnert und den Käse ein wenig wie einen Rotzbengel wirken lässt, könnte es beinahe unziemlich erscheinen, ihn an seinen Tisch zu laden. Doch wäre man im Unrecht, hier zimperlich zu sein. Trou du Cru ist ein wundervoller Käse, der zwar mit dem Epoisses verwandt ist, sich aber auch selbst Gehör zu verschaffen weiß. Er wird in der Côte-d'Or hergestellt und ist mit seinen 60 Gramm ein Leichtgewicht und mit seiner Kegelform ein Dreikäsehoch, aber er hat eindeutig Charakter. Dies rührt von der Besonderheit her, dass er während seiner dreiwöchigen Reifung mit Marc de Bourgogne gewaschen wird. Es überrascht also nicht, dass beim Verzehr in der Nase wie am Gaumen Aromen von Hochprozentigem spürbar werden, die sich mit dem Duft von Stroh vereinen. Die faltige, rotorangefarbene Rinde umhüllt einen elfenbeinfarbenen Teig, der angenehme Gerüche verströmt. Der Geschmack ist kräftig und hinterlässt im Mund überraschende blumige Anklänge.

Die Tipps des Käsemeisters

- Nehmen Sie den Käse eine Stunde vor dem Verzehr aus dem Kühlschrank: Wegen seiner geringen Größe nimmt er sehr schnell Raumtemperatur an und verströmt dann seinen ganzen Duft.
- Trou du Cru ist das ganze Jahr über gut.
- Er verlangt nach kräftigen Rotweinen; aber versuchen Sie auch mal einen milden Weißwein dazu: Die Kombination ist ebenso überraschend wie ergänzend.

Attraktiv ist er nicht gerade, der Trou du Cru, aber höllisch gut …

Kräuterquark aus Lyon

Für 4–6 Personen
500 g Speisequark, leicht abgetropft
Salz und Pfeffer
feine Kräuter
1 Knoblauchzehe, fein gehackt
2 Schalotten, fein gewürfelt
2 cl Essig
100 ml trockener Weißwein
2 EL Sonnenblumenöl

Den Speisequark mit dem Spatel aufschlagen. Wenn er schön glatt ist, Salz und frisch gemahlenen Pfeffer, feine Kräuter und den Knoblauch zufügen. Ein bis zwei Tage in einem Ton- oder Keramikgefäß stehen lassen.
Vor dem Servieren die Schalotten, den Essig, den Weißwein und das Öl gut untermischen.
Kühl als Hors-d'œuvre oder Dessert oder zu einer typisch Lyonnaiser Brotzeit mit warmen und kalten Fleisch- und Wurstwaren und Salat servieren. Als Begleitwein einen Beaujolais reichen.

Filet vom Charolais-Rind mit zartschmelzendem Mâconnais

Für 4 Personen
400 g kleine Kartoffeln (Grenaille)
4 Schalotten
50 g Butter
Salz und Pfeffer
4 schöne Scheiben Rinderfilet (vom Charolais-Rind)
Öl zum Braten
1 Mâconnais
Fleur de Sel

Die Kartoffeln sorgfältig abbürsten und in reichlich Salzwasser 15 Minuten kochen.
In der Zwischenzeit die Schalotten schälen, halbieren, ein Butterflöckchen auf jede Hälfte setzen, mit etwas Salz und frisch gemahlenem Pfeffer bestreuen und im auf 180 °C vorgeheizten Ofen garen.
Die Kartoffeln abgießen, die restliche Butter darauf verteilen, zu den Schalotten in den Ofen geben und in 10 Minuten fertig garen.
Etwas Öl in einer Pfanne erhitzen und die Rinderfilets darin auf beiden Seiten 2 Minuten anbraten, herausnehmen und in eine feuerfeste Form legen.
Den Mâconnais in vier Scheiben schneiden, auf jedes Filet eine Scheibe legen und 4–5 Minuten unter dem Backofengrill überbacken.
Sofort mit den gebratenen Schalotten und den Kartoffeln mit Fleur de Sel bestreut servieren.

Gratin von der Andouillette de Chablis mit Soumaintrain

Für 6 Personen
800 g Andouillette de Chablis (französische Wurstspezialität mit Weißwein)
200 g Schalotten, fein gewürfelt
50 ml Chablis
400 g Soumaintrain vom Bauernhof
250 g Sahne
Semmelbrösel
Salz und Pfeffer

Die Andouillette in 1 ½ cm dicke Scheiben schneiden. In einer beschichteten Pfanne ohne Fett anbraten, bis sie schön karamellfarben sind. Kreisförmig in eine große Gratinform (oder in vier kleine Gratinförmchen) legen.
Die Schalotten im Wurstbratfett anschwitzen, mit Chablis ablöschen und auf den Wurstscheiben verteilen.
Den Soumaintrain in schmale Spalten schneiden und auf die Wurst legen. Die Sahne angießen, Semmelbrösel darüberstreuen, alles ganz leicht mit Salz und frisch gemahlenem Pfeffer würzen und für 15 Minuten in den auf 180–200 °C vorgeheizten Ofen geben.
Sofort servieren.

Gnocchi-Gratin mit Rigotte de Condrieu

Für 4–6 Personen
250 ml Milch
2 Packungen Gnocchi (600 g)
200 g Sahne
3–4 Rigottes de Condrieu, grob geraspelt
Salz und Pfeffer

Den Backofen auf 200 °C vorheizen.
In der Zwischenzeit die Milch in einem Topf mit der gleichen Menge Wasser aufwallen lassen. Die Gnocchi hineingeben und kochen lassen, bis sie an die Oberfläche steigen. Abgießen und abtropfen lassen.
Auf den Boden einer feuerfesten Form eine dünne Schicht Sahne geben, die Hälfte der Gnocchi darauf verteilen, mit Sahne und der Hälfte des grob geraspelten Rigotte bedecken; den Vorgang mit einer zweiten Schicht Gnocchi, Sahne und Käse wiederholen. Leicht mit Salz und frisch gemahlenem Pfeffer würzen.
Das Gratin im heißen Ofen etwa 45 Minuten backen. Heiß servieren.

Gebratenes Perlhuhn mit gedünstetem Lauch und Epoisses

Für 6 Personen
1 Perlhuhn
500 g Lauch
Saft einer Zitrone
60 g Zucker
150 g weiche Butter
500 g Epoisses
Salz und Pfeffer

Den Backofen auf 190 °C vorheizen.
Das Perlhuhn innen und außen würzen und im heißen Ofen braten, bis es durch ist; das dauert etwa 1 Stunde. Herausnehmen, kurz ruhen lassen und in Stücke schneiden.
Inzwischen den Lauch gründlich waschen, putzen und in Stücke schneiden. 500 ml Wasser mit dem Zitronensaft aufkochen und den Lauch darin blanchieren. Herausnehmen, den Zucker in das Kochwasser geben und zu einem Sirup einkochen lassen.
Butter und Epoisses zu einer gleichmäßigen Masse verkneten. Den Lauch in eine feuerfeste Form geben und die Käsemasse gleichmäßig darauf verteilen.
Den Zuckersirup darübergießen, die Perlhuhnstücke mit der Haut nach oben auf das Lauchbett legen und alles kurz bei 180 °C im Ofen backen, bis die Käsemasse geschmolzen ist. Mit einem Chablis Premier Cru servieren.

Käsetaschen mit Bouton de culotte und Valençay

Für 4 Personen
8 trockene Boutons de culotte
1 Valençay
4 EL Crème fraîche
2 Bund Kerbel, fein gehackt
Salz und Pfeffer
20 g Butter
4 Blätter Filoteig

Den Backofen auf 210 °C vorheizen.
Die Boutons de culotte mit der Käsereibe in eine Schüssel raspeln. Den Valençay entrinden, in kleine Würfel schneiden und zugeben.
Die Crème fraîche und die Hälfte des Kerbels in einen Topf geben, mit Salz und frisch gemahlenem Pfeffer würzen und zum Kochen bringen. Die Hitze reduzieren und die Mischung 5 Minuten köcheln lassen. Von der Kochstelle nehmen und vollständig abkühlen lassen.
Den restlichen Kerbel zu den beiden Käsesorten geben. Mit Salz und frisch gemahlenem Pfeffer würzen und mit der Gabel zu einem gleichmäßigen Teig verarbeiten.
Die Butter in einem Topf zerlassen, ohne dass sie Farbe annimmt.
Die Filoteigblätter auf ein feuchtes Tuch legen. Auf jedes Blatt ein Viertel der Käsemasse geben und die Blätter zu Taschen falten. Die Taschen auf ein leicht mit Butter ausgestrichenes Backblech legen und mit der zerlassenen Butter bestreichen.
Die Käsetaschen im heißen Ofen 10 Minuten backen, inzwischen vorsichtig die Kerbelsauce erwärmen.
Das Gebäck auf einem Servierteller anrichten, nach Belieben mit Salat. Die Sauce getrennt dazu reichen.

Rigottes im Filoteig auf Salat

Für 4 Personen
4 Rigotte de Condrieu
2 Blätter Filoteig, halbiert
20 g Butter
200 g Blattsalat
Salatsauce (Senf, Öl, Essig, Salz und Pfeffer)

Jede Rigotte zu einem Röllchen formen.
Die halbierten Blätter Filoteig mit zerlassener Butter bestreichen und je ein halbes Blatt Filoteig um eine Rigotte rollen.
Die Röllchen in den auf 180–200 °C vorgeheizten Backofen geben und backen, bis sie eine leicht goldgelbe Farbe angenommen haben.
Heiß auf einem leicht mit Sauce beträufelten Salatbett servieren.

Soufflé mit Epoisses und Walnüssen

Für 4 Personen
30 ml Milch
Salz und Pfeffer
Muskatnuss
80 g Epoisses
4 Eier
30 g Butter
75 g Mehl
40 g Walnusskerne, gehackt

Die Milch mit etwas Salz, und frisch gemahlenem Pfeffer sowie Muskatnuss zum Kochen bringen. Den Käse entrinden und würfeln.
Die Eier trennen und die Eiweiße zu steifem Schnee schlagen. Die Butter zerlassen und erst das Mehl, dann die aufgekochte Milch und anschließend den gewürfelten Käse hinzufügen.
5 Minuten kochen lassen, von der Kochstelle nehmen und unter Rühren die Eigelbe und Walnüsse zugeben. Den Eischnee vorsichtig unterheben.
Die Mischung in eine gründlich gebutterte und mit Mehl bestäubte Form füllen und für 20 Minuten in den auf 200 °C vorgeheizten Ofen stellen.
Das aufgegangene Soufflé sofort ganz heiß servieren.

Gefüllte Gurken mit Rigottes

Für 4 Personen
4 Gärtner- oder Schmorgurken
120 g Kalbsnuss
120 g frischer fetter Speck
50 g altbackenes Brot
3 ziemlich trockene Rigottes de Condrieu
5–6 Zweige Petersilie
2 Eier
3 EL Crème fraîche
Salz und Pfeffer
Butter

Eher kurze, dicke, am besten junge Gurken wählen, damit sie möglichst kleine und wenig Kerne haben.
Die Gurken für 5 Minuten in kochendes Salzwasser tauchen, abtropfen lassen. Die Enden kappen, die Gurken quer halbieren und mit einem kleinen Löffel aushöhlen – als ob man einen kleinen Tunnel in die Hälften graben würde.
Die Kalbsnuss, den Speck, das altbackene Brot, die Rigotte, die Petersilie und das ausgeschabte Gurkenfruchtfleisch durch den Fleischwolf drehen. Die Masse mit den Eiern, der Crème fraîche sowie Salz und frisch gemahlenem Pfeffer vermengen.
Die Füllung in die ausgehöhlten Gurkenstücke geben, diese in eine gebutterte Auflaufform stellen und mit einigen Butterflöckcken belegen. Zugedeckt bei 200 °C etwa 30 Minuten im vorgeheizten Ofen backen. Dann die Abdeckung entfernen und weitere 15 Minuten backen.
Heiß aus dem Ofen servieren.

Gefüllte Gurken mit Rigottes.

DIE FRANCHE-COMTÉ

Monts d'Or – Goldene Berge

Sie haben weder die majestätische Erhabenheit der Alpengipfel noch die stolzen Silhouetten der Pyrenäen, und doch besitzen sie ihre eigene Gebirgsseele, diese Berge des französischen Jura, deren doppelte Besonderheit es ist, dass sie auf ihren Hochebenen die tiefsten Temperaturen Frankreichs und auf ihren grünen Wiesen einige der größten Käse des Landes vorweisen können. Selbst die Nachbarn aus der Schweiz müssen dies anerkennen, auch wenn sie ihren eigenen Gruyère besitzen!

JURASSIC PARK …

Rechte Seite: Inmitten des Seengebiets im französischen Jura passen sich die robusten Montbéliard-Rinder ohne Schwierigkeiten an den ersten Reif des Winters an.

Von den Seen der Dombes bis hin zu den dunklen Wäldern des französischen Jura bietet die Franche-Comté nicht nur einige der schönsten Landschaften überhaupt, sondern weist auch eine starke regionale Identität auf, die durch Geschichte und Geografie in gleichem Maße entstand. Als Nachbarn der Schweiz haben die Berge, die sie im Osten begrenzen, zwar nicht die majestätische Erhabenheit der Alpen, aber ihren ganz eigenen Charakter: eine kalte, abgelegene Gegend mit Industrietälern und Hochebenen, die seit jeher der Forstarbeit und der Viehzucht gewidmet waren – hier hat sich etwas herausgebildet, was man eine Käsekultur nennen könnte, die im Übrigen die Grenzen überschreitet. Daher der Familienstreit mit den benachbarten Schweizern, wer denn nun der Vater des Gruyère oder Greyerzer ist, wobei jeder die Archive nach Beweisen durchwühlt, dass er der Erste war, was sich allerdings in den Nebeln des Mittelalters verliert.

Aber wie es damit auch immer steht und selbst wenn der besagte Käse nach einer Schweizer Region benannt ist, belegt die Tatsache, dass der französische Gruyère heute durch ein AOC-Siegel anerkannt ist, dass der Käse auf beiden Seiten der Grenze hergestellt wird. Wenn man nämlich vom Departement Ain in die Departements Doubs und Jura und bis an die Grenzen von Hochsavoyen vorstößt, breitet sich eine ganze Palette von Käsen aus, die dadurch entstanden, dass hier eine besonders gut an das Gebiet ange-

passte Rinderrasse heimisch ist: das Montbéliard-Rind. Der ursprünglich sehr heterogene Viehbestand, in dem sich die robuste, untersetzte Tourache-Rasse mit der weniger ertragreichen Fémeline, aber auch mit der Comtoise, der Bressane, der Schwyzer und der Freiburger Rasse vermischte, wurde rasch vereinheitlicht, als sich 1708 die Täufer, eine protestantische Glaubensgemeinschaft aus Bern, in der Gegend von Montbéliard niederließen und Frauen, Kinder und Vieh mitbrachten. Durch geduldige Selektion, die sie hier mit Rindern aus ihrer Berner Heimat durchführten, setzten sie die Montbéliard-Rasse durch, die 1889 offiziell anerkannt wurde und sich seither gehalten hat (so darf bei der Herstellung des Comté nur ihre Milch verwendet werden). Sie weigerte sich, ihre Eigenheit in der großen, sehr uneinheitlichen Gruppe *pie rouge de l'est* aufgehen zu lassen, und wehrt sich auch tapfer gegen eine Vermischung mit dem eindringenden Holstein-Rind.

Eine Herde Montbéliarc-Rinder am Waldrand.

Comté: die Geschichte …

Kuh • Hartkäse • **Herkunft:** Departements Doubs, Jura, Ain • **Durchmesser:** 60 cm • **Dicke:** 9–13 cm • **Gewicht:** 35–55 kg • **Herstellung:** artisanal • **Rohmilch**

Tief im Kern des Käselaibs ist Comté nicht gleich Comté. Je nachdem, wie rasch die Dickete erhitzt wird, ist der Käseteig mehr oder weniger stark mit Löchern durchsetzt, die man auch »Augen« nennt. Der Comté hat nur wenige Löcher, und je weniger er hat, desto besser. Wenn er fast ohne Löcher ist, nennt man ihn »extra« und kennzeichnet ihn mit grünen Glöckchen auf der Banderole. Natürlich sollte man einen solchen Käse wählen. Aber auch hier ist nicht extra gleich extra. Zwar entsprechen alle Comtés, die durch das AOC-Gütesiegel geschützt sind, den gleichen strengen Kriterien bezüglich des Herstellungsgebiets, der Milch (die ausschließlich von Montbéliard-Rindern stammen muss) und des Weidefutters (das von Jura-Weiden kommen muss, im Sommer als Gras, im Winter als Heu). Aber dadurch, dass der Käse in zahlreichen Molkereigenossenschaften überall im Herstellungsgebiet erzeugt wird, kommt es zu einer großen Bandbreite bei Geschmack und Aroma, die in direktem Verhältnis zur Qualität des Weidefutters, zur Lage der Weiden und zur Vielfalt der Flora stehen. Und die Reifung führt zu weiteren bedeutenden Unterschieden.

Alle Comtés präsentieren sich in Form großer »Mühlsteine« mit 60 Zentimetern Durchmesser auf zehn bis dreizehn Zentimeter Dicke und einem Gewicht zwischen 35 und 55 Kilogramm; für einen davon werden durchschnittlich 500 Liter Milch gebraucht. Dies ist historisch zu erklären und rührt da-

her, dass die großen Käseräder seit dem Mittelalter den Bauern und Bergbewohnern der abgelegenen Orte die Möglichkeit gaben, für ihre Familien in den langen Wintermonaten Nahrung bereitzustellen. Zwar werden sie alle in gleicher Weise nach der altüberlieferten Methode hergestellt, die heute technisch an die neuen Produktionsnormen angepasst ist; noch immer wird Rohmilch in einen Kupferkessel gegossen, auf rund 33 °C erhitzt und mit Lab vom vorherigen Käse dickgelegt; der Käsebruch wird mit der Käseharfe in reiskorngroße Stücke geschnitten, danach rund 40 Minuten gerührt und bis auf 54 °C erhitzt; geschöpft wird er immer noch mit dem Leintuch, das in einen Holzreifen als Form gelegt wird; die Form wird beschwert und der Käse einen Tag lang gepresst, wobei man ihn regelmäßig wendet; all die traditionellen Schritte sind immer noch strikt die gleichen, aber danach präzisiert und differenziert sich das Ganze ein wenig, wenn die »Mühlsteine« in die Reifekeller gebracht werden, wo sie auf Fichtenholzbrettern mehrere Monate bleiben und sorgfältig gepflegt werden. Hier gelangt der Käse, während er gewendet, mit Salz eingerieben und vom Kellermeister geprüft wird, zu seiner Reife und entwickelt seine Teigfeinheit und seinen Aromareichtum. Jung, nach nur einigen Monaten Reifung, mindestens vier, ist er noch fruchtig-leicht; nach acht oder neun Monaten bis hin zu einem Jahr oder sogar achtzehn Monaten wird er sehr reif.

Hier erweist sich die Kunst des Käsepflegers, und hier zeigt der Käse alles, was er hat.

Die Tipps des Käsemeisters

- Comté lässt sich hervorragend mit trockenen Weißweinen aus dem französischen Jura kombinieren. Aber versuchen Sie es auch einmal mit einem zehnjährigen Château-Chalon oder mit Champagner.
- Probieren Sie auch eine andere, etwas ungewöhnliche Kombination: Comté mit roten Früchten oder Birnen. So sind Käse und Dessert ideal aufeinander abgestimmt …

So gut wie keine Löcher: Dieses Stück täuscht nicht, es handelt sich um einen Comté mit dem Prädikat »extra«.

Die guten Rezepte von George Sand

Die französische, in Nohant lebende Romanschriftstellerin liebte das Kochen. Viele der Rezepte, die sie zubereitete, wurden von ihrer Enkelin Aurore niedergeschrieben. Darunter auch einige mit Gruyère. Etwa eine Käsesuppe:

»Für 5 bis 6 Personen: magere Brühe besorgen, ½ Pfund Gruyère; die Hälfte reiben, die andere in sehr dünne Scheiben schneiden. In eine feuerfeste Suppenterrine etwas frische Butter geben, dann eine dünne Schicht geriebenen Käse. Mit einer Schicht altbackenem, in dünne Scheiben geschnittenem Brot bedecken. Abwechselnd Brot und Käse einschichten, mit Gruyère abschließen. Einige Butterflöckchen daraufsetzen. Mit magerer Brühe aufgießen, langsam schmoren, bis am Boden der Suppenterrine ein Gratin entsteht und die ganze Brühe aufgesaugt ist. Wieder mit heißer Brühe aufgießen und die etwas dickliche Suppe sehr heiß servieren. Kochzeit rund 1 ½ Stunden.«

Oder eine hausgemachte Gruyère-Tarte:

»Einen Teig aus 250 g Mehl, 150 g Butter, 4–5 g Salz, einem Ei und etwas lauwarmem Wasser bereiten. 5 Minuten kneten, ½ Stunde ruhen lassen. Tarteform buttern, mit Teig auslegen, in den Backofen geben. Goldbraun backen. Eine dicke Milchsauce zubereiten: Butter in einem Topf zerlassen, 4 bis 5 Löffel Mehl einrühren, nach und nach ½ Liter lauwarme Milch zugeben und rühren, bis die Sauce schön dick wird. 250 g geriebenen Gruyère zugeben. Die Béchamelsauce auf den gebackenen, heißen Teig gießen, mit dünnen Gruyère-Scheiben belegen und 5–10 Minuten im Ofen überbacken.«

Gruyère

Kuh • **Hartkäse** • **Herkunft:** Franche-Comté, Savoyen • **Durchmesser:** 53–63 cm • **Dicke:** 13–16 cm • **Gewicht:** 40–50 kg • **Herstellung:** artisanal und Molkerei (laitière) • **Rohe Vollmilch**

Der Gruyère oder Greyerzer bildet eine große Familie, in der man sich fröhlich streitet, und zwar schon seit Jahrhunderten: seit ein Käse, den man ab dem 17. Jahrhundert *fromage de gruyère* nannte, auf beiden Seiten des Juragebirges, das die Grenze zwischen Frankreich und der Schweiz bildet, hergestellt wurde. Der Begriff bezeichnete ursprünglich einen Käsetyp mit gepresstem, erhitztem Teig, dessen charakteristische Eigenschaften durch seine weite Verbreitung schwer festzulegen waren. Als solcher ist der Gruyère zunächst der Vorfahre, und Beaufort, Comté, Emmentaler und Abondance sind mit ihm entfernt oder enger verwandt. Erst durch die Handelsbeziehungen wollte jeder sich in Bezug auf die anderen profilieren, und man wollte sich vor allem unter Jurabewohnern beiderseits des Gebirges die Bezeichnung des Käses zu eigen machen, indem man seine historischen Rechte über die des anderen stellte. So entstand ein französisch-schweizerischer Krieg mit dem Käse als Unterpfand. Den Schweizern, die das alleinige Recht auf die Verwendung des Terminus einforderten, der mit einer Schweizer Gegend verbunden ist, setzten die Franzosen entgegen, dass die Praxis der Käseherstellung hier bis ins 18. Jahrhundert zurückgeht und dass es auf beiden Seiten des Jura und der Alpen Molkereien gab. Schließlich schloss man in den 1930er Jahren einen Waffenstillstand, und man kam zu einer Einigung, die in den 1970er Jahren bestätigt wurde; dann konzentrierte man

sich auf beiden Seiten darauf, das AOC-Gütesiegel zu erhalten. Und so kam zu dem AOC-Siegel, das der Schweizer Gruyère 2001 erhielt, 2005 das AOC-Siegel des französischen Gruyère hinzu.
Nun ist die Sache also klar. Der französische Gruyère wird in einem deutlich abgegrenzten Gebiet der verschiedenen Departements an der Grenze hergestellt. Die im Rohzustand verwendete Milch kommt von den Rinderrassen Abondance, Tarenteser, Montbéliard, Vogesen und Simmentaler. Der Käse präsentiert sich als runder, flacher »Mühlstein« mit 53 bis 63 Zentimetern Durchmesser und einem konvexen Außenrand mit 13 bis 16 Zentimetern Höhe. Die Rinde ist gebürstet, stabil, körnig und von goldgelber Farbe, die ins Braune gehen kann. Der feste, erhitzte, gepresste, elfenbeinfarbene bis blassgelbe Teig muss erbsen- bis kirschgroße Löcher aufweisen. Er verströmt einen angenehmen, stark aromatischen Walnuss- oder Haselnussgeruch. Jeder kann also beruhigt sein: Der in Frankreich genossene Gruyère ist ein waschechter Franzose ...

Die Tipps des Käsemeisters

• In den AOC-Bestimmungen ist vorgesehen, dass Gruyère gerieben gegessen werden kann. Zögern Sie also nicht, in diesem Fall echten Gruyère zu verlangen, der eine höhere Aromaqualität besitzt als Emmentaler.

• Die Eigenart von französischem Gruyère kann man gut erkennen, wenn man ihn auf der Käseplatte zusammen mit einem Schweizer Gruyère serviert: Der Unterschied liegt weniger in der Herstellung, Form und Textur als in der Qualität des Weidefutters und der Milch, die sich im Geschmack niederschlägt.

Der französische Gruyère trägt mittlerweile auch das AOC-Gütesiegel, die Schweizer sind damit nicht mehr die Einzigen.

Linke Seite: Fichten und Weiden – charakteristisch für die Hochebenen des französischen Jura.

Mont d'Or

Kuh • Weichkäse mit gewaschener Rinde • **Herkunft:** Hochlagen des Departements Doubs • **Durchmesser:** 20–30 cm • **Dicke:** 3–5 cm • **Gewicht:** 500 g–1 kg • **Herstellung:** Molkerei (laitière) • **Rohmilch**

Der Mont d'Or, manchmal auch »Vacherin du Haut-Doubs« genannt, wird ausschließlich aus Rohmilch von Montbéliard-Rindern hergestellt. Er entsteht auf über 700 Metern Höhe in den Molkereien der Hochebenen des Departements Doubs, wo in der Gebirgslandschaft tiefe Wälder mit grünen Wiesen wechseln. Dort ist die Luft klar, und die Herden kehren nach dem Sommer auf der Weide in die Ställe zurück. Dann, zwischen August und März des Folgejahres, beginnt die Saison des Mont d'Or, der seit jeher ein saisonaler Käse und zudem so stark in seinem Herkunftsgebiet verwurzelt ist, dass schon im 18. Jahrhundert seine Charakteristika im Departementsbericht über die Käseherstellung festgehalten wurden, wo er als »sogenannter Sahnekäse wegen seines Geschmacks und seiner weichen Konsistenz« beschrieben wird. Seither hat er sich nicht verändert: Die Milch wird auf 40 °C erhitzt und in einem großen Kupferkessel dickgelegt. Der entstandene Käsebruch wird geschnitten und in walnussgroße Stücke gebrochen, mit der Schaufel gerührt und in die Form gegossen. Danach umgibt man den Käse mit einem Ring aus dem Bast frisch gefällter Fichten, der seit dem Vorabend in Wasser eingelegt wurde, und presst ihn leicht. Der Ring trägt aktiv zur Entwicklung des Käses bei: Er sorgt für die einzigartige Vereinigung von Holz und Milch und verleiht einen holzigen Duft, vermischt mit dem Geruch von Pilzen und Kartoffeln. Von dem Ring umgeben reift der Mont d'Or im Keller, wo man ihn mindestens drei Wochen lang wendet und mit Salzwasser einreibt, während er in seiner Verpackung zusammengedrückt wird, wodurch er zugleich in Kontakt mit dem Holz bleibt und die faltige Rinde erhält.

Und er ist nicht nur für die Augen eine Lust: Unter seiner hellen, gelben oder braunen Rinde bietet er einen cremigen, leicht feuchten Teig, von dem ein feiner Gärungsgeruch ausgeht und der im Mund einen einzigartigen Geschmack entfaltet: Sahne und Käse, Wald und Wiesen, Lust und Genuss ...

Den Mont d'Or, der fest in seiner Holzschachtel steckt, kann man auch mit dem Löffel genießen.

Kräftig gefärbt, aber ohne aggressiven Geschmack: Der Bleu de Gex ist ein Blauschimmelkäse ganz eigener Art.

Die Tipps des Käsemeisters

• Mont d'Or kann man auf mehrere Arten genießen: In seinem Herkunftsgebiet schneidet man die Außenseite ab, um nur den Kern zu verzehren, den man mit dem Messer isst. Anderswo, vor allem in Paris, hat man es sich angewöhnt, ihn mit einem kleinen Löffel zu essen, wenn er zerläuft. Man kann ihn auch als Ofenkäse verzehren: als sogenanntes Fond d'Or (siehe Seite 190).
• Mont d'Or ist ein empfindlicher Käse, der aufgrund seiner Natur besonderer Sorgfalt bedarf. Am besten verzehrt man ihn ziemlich rasch. Um ihn länger haltbar zu machen, kann man die Verpackung auch mit einem feuchten Tuch umwickeln.
• Der beste Begleiter ist ein Weißwein aus dem französischen Jura oder aus Savoyen, zum Beispiel ein Arbois oder ein Challex aus dem Pays de Gex. Aber auch ein Condrieu passt gut.

Bleu de Gex

Kuh • Halbfester Schnittkäse mit Blauschimmel • **Herkunft:** Hochlagen des Departements Jura • **Durchmesser:** 34 cm • **Dicke:** 8–10 cm • **Gewicht:** 7,5 kg • **Herstellung:** Molkerei (laitière) • Rohe Vollmilch

Ob er nun Bleu de Gex, Bleu de Septmoncel oder allgemeiner Bleu du Haut-Jura genannt wird – der Blauschimmelkäse, der auf den Hochebenen über 800 Meter an der Grenze zur Schweiz hergestellt wird, pflegt eine Diskretion, die dazu führt, dass man immer erfreut ist, wenn man ihn entdeckt. Seine mehrere Jahrhunderte alte Geschichte spricht für ihn: Auf den hoch gelegenen Ländereien, die zur Abtei Saint-Claude gehörten, fanden sich zunächst Ziegen und Schafe, aus deren Fell der Stoff Droguet hergestellt wurde. Im Jahr 1349 kamen jedoch nach dem Anschluss der Dauphiné an das französische Königreich zahlreiche Siedler in den Jura. Diese brachten Techniken zur Herstellung eines »grauen Käses« mit, dessen Milch heute ausschließlich von Montbéliard-Rindern stammt. Getreu seiner Vergangenheit wird der Käse noch weitgehend von Hand hergestellt, vor allem um den in erbsengroße Stücke geschnittenen Käsebruch langsam zu rühren, und auch später, um den mit Penicillium-Kulturen geimpften Käse vier bis sechs Tage mit Trockensalz einzureiben; aber auch danach, um ihn während der drei- bis fünfwöchigen Reifung in regelmäßigen Abständen in der ganzen Höhe zu pikieren, damit genügend Luft eindringt, die die Schimmelbildung im Inneren begünstigt. Man wendet ihn zudem drei- bis viermal pro Woche, um ein gleichmäßiges Wachstum des Blauschimmels zu gewährleisten. Dadurch entsteht ein fein geäderter, marmorierter Teig, dessen milder Geschmack unweigerlich an die Milch der Weiden erinnert.

Die Tipps des Käsemeisters

- Ein fruchtiger Rotwein aus dem Beaujolais, Burgund, von den Côtes du Rhône oder natürlich aus dem französischen Jura ist der allerbeste Begleiter.
- Die beste Zeit für den Verzehr liegt zwischen Sommeranfang und Winterende.

Morbier

Kuh • **Halbfester Schnittkäse** • **Herkunft:** Franche-Comté • **Durchmesser:** 30–40 cm • **Dicke:** 6–8 cm • **Gewicht:** 5–9 kg • **Herstellung:** Bauernhof (fermière), artisanal, Molkerei (laitière) • **Rohmilch oder pasteurisierte Milch**

Zwar bezeichnet man ihn zuweilen als »falschen Septmoncel«, aber der Morbier hat seine ganz eigene Persönlichkeit, die ihm als Konsequenz das AOC-Siegel eingebracht hat. Zwar ist er nicht so alt wie sein Vetter, und seine offizielle Geschichte geht allenfalls bis in die 1970er Jahre zurück, als man in der Gegend um Saint-Claude und Pontarlier den

Der Querstreifen des Morbiers erinnert an die Holzascheschicht, die den Käsebruch vom ersten Melken und den Käsebruch vom zweiten Melken trennte.

Käse kreierte, wie er sich heute präsentiert. Aber schon seit langem war es in diesen Gebieten, wo das Klima rau ist, im Winter die tiefsten Temperaturen Frankreichs herrschen und die Bauernhöfe weit abseits liegen, nicht nur schwierig, jeden Tag die Milch vom Melken in die Dorfmolkereien hinunterzubringen, sondern es war auch nötig, vor Ort etwas für die tägliche Ernährung zur Hand zu haben. Die Bergbewohner stellen daher seit langem einen für das Gebiet typischen Käse her, für den die Milch vom morgendlichen und vom abendlichen Melkvorgang verwendet wird. Morgens schöpften sie den entstandenen Käsebruch in die Form und bedeckten ihn zum Schutz mit einer dünnen Schicht Holzasche; abends schöpften sie den Käsebruch vom zweiten Melkvorgang darauf. Durch diese Schichtung mit der Asche in der Mitte entsteht der Morbier, der an dem horizontal durch den elfenbeinfarbenen Teig verlaufenden Aschestreifen leicht erkennbar ist. Heute, wo die Produktion zumeist in der Molkerei stattfindet, hat der besagte Streifen fast nur noch dekorative Funktion, doch der Käse besitzt unter seiner dünnen grauen Rinde noch immer das Aroma eines cremigen, halb trockenen, halb klebrigen Teigs mit klarem, ziemlich markantem Geschmack.

Die Tipps des Käsemeisters

- Wie auch für den Bleu de Gex sind hier leichte, fruchtige Rotweine angebracht: Beaujolais, Burgunder, Côtes-du-Rhône und natürlich Weine aus dem französischen Jura.
- Man kann es auch mit einem Weißwein aus Savoyen versuchen, zum Beispiel einem Seyssel.

Andere Käsesorten

Neben der großen Familie der Gruyères darf man nicht jenen anderen Käse vergessen, den Frankreich und die Schweiz gemeinsam haben: den **Emmentaler**. In Frankreich wird er manchmal nach alter Schreibweise *emmenthal* geschrieben, woran sich schon zeigt, dass er auch in diesem Land zu Hause ist. Zwar ist er nach dem Tal der Emme im Kanton Bern benannt, wo er seit dem Mittelalter hergestellt wird, um die Aufbewahrung der Milch während der kalten Jahreszeit zu ermöglichen, doch wurde er schon im 19. Jahrhundert durch alemannische Bauern, die sich hier ansiedelten, in der Franche-Comté eingeführt. Nach dem Ersten Weltkrieg entwickelte sich ein echt französischer Emmentaler. Der *emmental français grand cru*, der drei bis 15 Monate reift, besteht aus großen Laiben mit 75 Zentimetern Durchmesser auf 15 bis 25 Zentimeter Dicke, die ihre guten 70 bis 80 Kilogramm auf die Waage bringen. Die kräftig gelbe Rinde ist trocken und glatt, und der feste, feine Teig weist klar abgegrenzte, runde oder ovale walnussgroße Löcher auf. Dadurch erhält er einen fruchtigen, intensiven Geschmack, mit dem er zu den schmackhaftesten französischen Emmentalern gehört und nicht nur zum Reiben, sondern auch für die Käseplatte geeignet ist. Den berühmten **Metton** findet man dagegen nicht auf der Käseplatte. Er wird aus entrahmter Milch hergestellt, dickgelegt, fein geschnitten und auf 60 °C erhitzt, woraufhin man den Käse presst, beschwert und einige Tage reifen lässt. Gegessen wird er kaum natur. Man zerdrückt ihn und stellt daraus die berühmte *cancoillotte* her, einen Kochkäse.

Große Löcher, geschmeidiger Teig: Der Emmentaler nach französischer Art hat Besseres verdient als nur die Käsereibe.

Man müsste sich weniger in Richtung Schweiz wenden als in die Niederlande, wenn man Verwandte jenes anderen Käses sucht, der weniger bekannt ist, dies aber verdient hätte: des **Mamirolle**, der in der Käsereischule von Mamirolle ganz in der Nähe von Besançon erfunden wurde. Er könnte nämlich an Edamer erinnern, aber seine Form ist rechteckig, seine Rinde orangefarben, und sein nicht so trockener Teig bietet einen sehr bouquetreichen Duft, der sich in seinem Geschmack wiederfindet, dessen fruchtige, sahnige Milde lange im Mund verweilt, wo der Mandelgeschmack mit einer deutlichen Walnussnote ausklingt.

Einer anderen Tradition entstammt der **Chevret**, vielleicht das älteste Käseerzeugnis des Hochjura. Ursprünglich handelte es sich dabei um einen Ziegenkäse. Aber seit die Kühe ihre Vorherrschaft durchgesetzt haben, wird der Chevret trotz seines Namens (*chèvre* = Ziege) aus Kuhmilch hergestellt. Er ist klein, wiegt kaum mehr als 150 Gramm, und seine quadratische Erscheinung kommt von den kleinen Formen aus Fichtenholz, den *copettes*, in die man den Käsebruch zum Abtropfen schöpft. Nach zweiwöchiger Reifung besitzt er eine dünne weiße Rinde und einen cremigen Teig, vergleichbar mit dem **Tomme de Belley**. Er wird im Bugey produziert, dem Übergangsgebiet zum Lyonnais und Burgund, und hat eine zylindrische Form mit zehn Zentimetern Durchmesser auf vier bis fünf Zentimetern Dicke. Seine beigefarbene

Rinde überzieht sich bei der Reifung mit blauem Schimmelflaum, was dem glatten, geschmeidigen Teig nicht den cremigen Geschmack nimmt.

Seine Herstellung, die für einige Jahrzehnte aufgegeben worden war, ist heute wieder angelaufen und hat die Käsetradition des Ain-Gebiets bewahrt, die sich auch im **Ramequin de Lagnieu** äußert. Auch dieser wurde früher aus Ziegenmilch hergestellt; heute besteht er aus entrahmter Kuhmilch. Man kann ihn einfach so verzehren, wenn man prägnante Aromen schätzt, oder als Ofenkäse, wobei sein Geschmack wunderbar zur Geltung kommt.

Aus der gleichen Region kommt der **Bressan**, der eher auf Käseplatten gegessen wird: Der kleine Käse erinnert mit seiner Kegelstumpfform an einen hohen Pferdeapfel. Er wird aus roher Ziegenmilch, aber zuweilen auch aus Kuhmilch oder beiden zugleich hergestellt Der gepresste, nicht erhitzte Teig ist zart, der Geschmack kann aber ziemlich kräftig sein.

Und da wir schon bei der Bresse sind, wie könnte man sie verlassen, ohne dem **Bleu de Bresse** die gebührende Ehre zu erweisen, obwohl er als junge Erfindung nur aus pasteurisierter Kuhmilch hergestellt wird? Er entstand in den 1950er Jahren nach dem Vorbild des italienischen Gorgonzola, weil man einen Käse vertreiben wollte, der kleiner war als die großen (sechs Kilogramm schweren) **Saingorlons** und stückweise verkauft werden konnte. In seinem reichhaltigen, cremigen Teig, dem Ergebnis einer dreiwöchigen Reifung, bewahrt er einen deutlichen Blauschimmelcharakter, der ihn im Mund prägnant hervortreten lässt.

Die Tipps des Käsemeisters

- Emmentaler kann das ganze Jahr über auf der Käseplatte serviert werden. Als Begleitwein eignet sich am besten ein Mercurey.
- Mamirolle sollte man bei Zimmertemperatur servieren, dann zeigt er seine Qualitäten am besten; wählen Sie dazu vorzugsweise einen Wein aus dem französischen Jura, aber auch ein Burgunder oder ein Beaujolais eignen sich gut.
- Den Tomme de Belley sollten Sie frisch verzehren; in diesem Fall passt er ideal zu Salzkartoffeln oder als Dessert zu Konfitüren.
- Der Ramequin de Lagnieu kommt gut zur Geltung, wenn man ihn zusammen mit Mettwürsten und grünem Salat genießt – und dazu einen fruchtigen Beaujolais trinkt.
- Zum Bleu de Bresse ist ein milder Weißwein wie Rivesaltes oder Monbazillac der beste Begleiter.

Der Bleu de Bresse, eine pasteurisierte Ausnahme in unserer Welt der Rohmilchkäse.

Ein Beispiel für lange Reifung: der Comté

Käse wie Comté (oder auch Beaufort) kann man über 30 Monate reifen lassen. Das Problem dabei ist, dass der Käse zu einem bestimmten Zeitpunkt an geschmacklicher Qualität verliert und eine Verlängerung der Reifezeit den Käse eher verschlechtert als veredelt. Die Kunst besteht also darin, den richtigen Reifezeitpunkt zu finden, und dies ist nur möglich, indem man den Käse genauestens überwacht und in regelmäßigen Abständen kostet, um zu wissen, wann er seinen ganzen Geschmack entfaltet. Dies ist die Aufgabe des Käsemeisters: die richtigen Laibe auszuwählen, dann regelmäßig in den Keller zu gehen und zusammen mit dem Kellermeister zu bestimmen, welcher Laib dafür geeignet ist, länger zu bleiben als die anderen, und welcher hingegen früher verzehrt werden sollte. Da Comté aus Milch von verschiedenen Almen hergestellt wird, muss man diese Almen kennen, muss wissen, dass es bessere und schlechtere Lagen gibt, dass bestimmte Lagen fettere Milch hervorbringen und einen Käse erzeugen, der länger gelagert werden kann. Man muss auch die klimatischen Schwankungen mit einbeziehen: So bringt ein trockenerer Sommer eine trockenere Flora hervor, die weniger Geschmack liefert. Umgekehrt kann ein verregneter Sommer eine Produktionsschwankung von 20 bis 25 Prozent zur Folge haben. Auch die Wahl des Reifeortes ist von herausragender Bedeutung: Nach den sechs oder neun Monaten auf der Alm, muss man für den Käse einen Platz wählen, wo die Reifung unter besten Bedingungen fortgeführt werden kann. Eine Festung wie das Fort Saint-Antoine im Departement Doubs oder das Fort des Rousses im Hochjura garantiert diese idealen Bedingungen: Die alten Militärgebäude, die beide aus dem 19. Jahrhundert stammen und vor einigen Jahrzehnten in riesige Reifekeller umgewandelt wurden, haben eine außerordentlich große Fläche. Die Temperatur, die durch ein natürliches Belüftungssystem und 14 Meter dicke Mauern reguliert wird, bleibt immer gleich, im Winter wie im Sommer, und gewährleistet eine durchgängig ideale Luftfeuchtigkeit. 60 000 Laibe Comté reifen auf diese Weise in jedem der beiden Forts, neben Beaufort-Laiben, darunter diejenigen, die Bernard Mure-Ravaud Jahr für Jahr auswählt.

Der Favorit des Käsemeisters

Alter Comté: ein anderer Käse

Kuh • **Hartkäse** • **Herkunft:** Departements Doubs, Jura, Ain • **Durchmesser:** 60 cm • **Dicke:** 9–13 cm • **Gewicht:** 35–55 kg • **Herstellung:** artisanal • **Rohmilch**

Auf der einen Seite gibt es den Comté: Wir haben ihn bereits erwähnt. Und auf der anderen gibt es den alten Comté: Er ist etwas anderes. In jenen geheimnisvollen Schatzhöhlen, die die großen Reifekeller darstellen, hat er seinen gesonderten Platz, getrennt von den anderen. Hier, in den Tiefen dieser sagenumwobenen Festungen des Fort des Rousses und des Fort de Saint-Antoine, entscheidet sich sein Schicksal. Der Reifekellermeister, auf dem Gebiet der Käsereifung die Entsprechung zum Weinküfer beim Ausbau des Weins, entscheidet, bestimmte Laibe beiseite zu legen, bei denen er feststellt, dass sie sich zum Altern besser eignen als andere. Dabei geht er nach Instinkt und Erfahrung vor, aber auch mit den Sinnen: dem Tastsinn, dem Auge, der Nase und dem Geschmackssinn bei den regelmäßigen Stichproben, die er vornimmt, aber auch mit dem Ohr, wenn er mit seinem Hammer vorsichtig gegen die Rinde klopft, um herauszufinden, was im Inneren abläuft. Ein etwas hohler Klang ist ein Zeichen dafür, dass der Käse nicht weit kommen wird. Bei den besten Laiben beurteilt er, wie lange sie noch reifen können, und verlängert die Aufenthaltsdauer entsprechend. So kann der Alterungsprozess bis zu zwei Jahre und sogar noch länger, bis zu drei Jahre, dauern: Dann hat man es mit einem wirklich alten Comté mit unnachahmlichem Geschmack zu tun, einem echten Genuss, der nichts mehr mit der großen Masse der jungen Comtés und auch nichts mit den sogenannten lange gereiften Comtés zu tun hat, die im Allgemeinen als alter Comté verkauft werden. Das ist echtes Käsegold. Die gleichzeitig speckige und knisternde Textur unter dem Messer; das durchdringende Aroma und vor allem der Geschmack eines Teigs, der im Mund zergeht und dabei subtile Aromen freisetzt, die wesentlich deutlicher sind als beim üblichen Comté, selbst wenn er »extra« heißt. Hier sind wir bei den Grands Crus der Käse, in jenen Bereichen, wo Feinschmeckertum keine Sünde mehr ist, sondern eine Lebenskunst.

Die Tipps des Käsemeisters

• Ein Vin Jaune aus dem französischen Jura zu einem alten Comté: Eine bessere Wahl gibt es nicht. Man kann aber auch andere Kombinationen versuchen, die ebenfalls ein echter Genuss sind: einen Château-Chalon oder einen Savigny.
• Dieser Käse ist sich selbst genug. Einen normalen Comté kann man sehr gut auf einer Platte zwischen anderen Käsen anrichten, aber erhalten Sie dem alten Comté seine Überzeugungs- und Verführungskraft, indem Sie ihn Ihren Gästen separat anbieten: Er allein steht für Käse und Dessert.

Linke Seite: Alter Comté während der langen Reifung auf Regalen aus Fichtenholz in den Tiefen des Fort des Rousses: Gold in runden Laiben.

Emmentaler-Bonbons mit Trüffeln

Ergibt 8 Bonbons
4 Blätter Filoteig
120 g französischer Emmentaler
1 schwarze Trüffel, ca. 30 g
Pfeffer
16 Schnittlauchhalme
1 EL Butter, zerlassen

Den Backofen auf 180–200 °C 10 Minuten vorheizen.
Jedes Teigblatt halbieren, aus dem Emmentaler acht gleich große Rechtecke mit 1 x 3 cm Seitenlänge schneiden und in die Mitte jeder Teighälfte ein Emmentaler-Rechteck setzen.
Mit hauchdünnen Trüffelscheiben bestreuen, leicht mit frisch gemahlenem Pfeffer würzen und den Käse in den Filoteig einrollen. Beide Teigenden mit Schnittlauchhalmen wie bei einem Bonbon zusammenbinden. Die Bonbons mit zerlassener Butter bestreichen und auf ein beschichtetes Backblech setzen. In den heißen Ofen geben und 8–10 Minuten backen, bis die Bonbons schön goldbraun werden.
Heiß aus dem Ofen servieren.

Schnitzel nach Art der Comté

Für 6 Personen
2 Eier
1 EL Öl
Salz und Pfeffer
6 Kalbsschnitzel
50 g Mehl
150 g Semmelbrösel
6 feine Scheiben Comté
6 Scheiben Räucherschinken
150 g Butter

Die Eier in einer Schüssel mit dem Öl, Salz und dem frisch gemahlenen Pfeffer verquirlen.
Die Schnitzel in Mehl wenden, überschüssiges Mehl abklopfen. In verquirltem Ei und anschließend in Semmelbröseln wenden. Die Brösel dabei leicht andrücken, damit sie am Fleisch haften bleiben. Ebenso mit den Käse- und Schinkenscheiben verfahren. Wenn alles gut paniert ist, auf jedes Schnitzel eine Scheibe Comté und eine Scheibe Schinken legen, dabei mit einem Holzspatel andrücken, damit das Ganze schön kompakt ist.
In einer ofengeeigneten Pfanne die Butter zerlassen, die Schnitzel einlegen und vorsichtig goldbraun braten. Anschließend die Pfanne in den auf 200 °C vorgeheizten Backofen stellen und die Schnitzel 10 Minuten backen. Sofort mit brauner Butter servieren.

Gemüseauflauf mit Comté

Für 2 Personen
gemischtes Gemüse (2 Zucchini, 2 Karotten, einige Spinatblätter)
30 g Butter
3 Eier
2 EL Mehl
Salz und Pfeffer
100 g Crème fraîche
150 ml Milch
100 g Comté, in feine Scheiben geschnitten
1 Scheibe gekochter Schinken, in Streifen geschnitten
1 Zweig Thymian, Blättchen abgezupft

Den Backofen auf 180 °C vorheizen.
Die Zucchini und Möhren in Scheiben schneiden und in einer Pfanne in 15 g zerlassener Butter dünsten. Zum Schluss den Spinat dazugeben.
Die Eier und das Mehl in einer Schüssel mit Salz und frisch gemahlenem Pfeffer verquirlen, Crème fraîche und Milch unterrühren.
Eine mit Butter ausgestrichene Form mit hohem Rand abwechselnd mit Gemüse und der Hälfte der Käsescheiben auslegen. Mit den Schinkenstreifen und dem übrigen Comté bedecken. Die Eiermasse darübergießen und mit Thymianblättchen bestreuen.
20 Minuten im heißen Ofen garen und lauwarm mit grünem Salat servieren.

Cancoillotte (Kochkäse)

1 Gewichtsteil sehr reifer (goldgelber) Metton
30 % Gewichtsteil 3-%iges Salzwasser (30 g Salz pro Liter)
30 % Gewichtsteil Butter
Knoblauch, Weißwein (nach Belieben)

Käse und Salzwasser in einen Topf mit schwerem Boden geben und sehr langsam oder im Wasserbad erwärmen, dabei mit dem Holzspatel umrühren, damit sich das Wasser gut mit dem Käse verbindet.
Wenn die Mischung schön dick ist, vorsichtig die Butter unterrühren.
Sobald das Ganze homogen ist, in eine Servierschüssel geben, dabei nach Belieben gehackten Knoblauch oder Weißwein zufügen.
Cancoillotte kann man entweder warm auf gerösteten Brotscheiben oder kalt als Brotaufstrich servieren. Kühl aufbewahrt hält sie sich mehrere Tage, solange der Teig unter der dünnen Haut gelb bis leicht grünlich bleibt.
Wenn er grau wird, ist es zu spät; dann sollte man ihn wegwerfen.

Kutteln nach Art der Bresse

Für 4 Personen
500 g Kutteln
Butter oder Olivenöl
1 EL Mehl
150 ml Weißwein
3 Schalotten, 2 Knoblauchzehen
14 Zweige Petersilie, 1 Lorbeerblatt
2 Zweige Thymian
Salz und Pfeffer
75 g Comté
75 g französischer Emmentaler
2 Eigelb
4 EL Crème fraîche

Die Kutteln blanchieren und in Streifen schneiden. Dann in etwas Butter oder Olivenöl in einem Topf bei mittlerer Hitze goldbraun braten. Mit dem Mehl bestauben, umrühren und den Wein und 150 ml Wasser angießen.
Die Schalotten, den Knoblauch und ca. 10 Zweige Petersilie hacken und mit dem Thymian und Lorbeerblatt, Salz und frisch gemahlenem Pfeffer in den Topf geben. Zugedeckt 2 ½ Stunden köcheln lassen.
Den Comté und Emmentaler reiben und in den Kochtopf streuen, dabei die ganze Zeit mit einem Holzspatel rühren, damit sich der Käse gut um die Kutteln verteilt, ohne zusammenzuklumpen. Erneut zudecken und weitere 10 Minuten kochen lassen.
Die Eigelbe in einer Schüssel mit der Crème fraîche verquirlen.
Die übrige Petersilie waschen und hacken.
Den Inhalt des Topfs in eine Servierschüssel gießen, die Eiermasse mit der gehackten Petersilie vermischen und direkt vor dem Servieren darübergeben.

Morbiflette

Für 6 Personen
2 ½ kg Kartoffeln
300 g Räucherspeck, gewürfelt
3 große Zwiebeln, fein gewürfelt
Salz und Pfeffer
Muskatnuss
500 g Morbier

Die Kartoffeln im Dampf garen, pellen und in kleine Würfel schneiden.
Die Speckwürfel und Zwiebeln in einer Pfanne goldgelb braten. Die Kartoffeln zugeben und mitbraten.
Mit Salz, frisch gemahlenem Pfeffer und Muskatnuss würzen. Zum Schluss den in feine Scheiben geschnittenen Morbier darübergeben und servieren, sobald der Käse geschmolzen ist.

Seeteufel mit Morbier

Für 6 Personen
4 Schalotten, fein gewürfelt
50 g Butter
800 g Seeteufelfilet
Salz und Pfeffer
1 Stück getrocknete Orangenschale (nach Belieben)
125 ml trockener Jura-Weißwein
2 EL Hummersuppe aus der Dose
100 g Champignons, gehackt
100 g geschälte Garnelen
125 g Crème double
150 g Morbier, gewürfelt

Die Schalotten in einem großen, tiefen Topf in Butter anschwitzen.
Den in Stücke geschnittenen Seeteufel zugeben, mit Salz und frisch gemahlenem Pfeffer würzen und nach Belieben ein Stück getrocknete Orangenschale hinzufügen. Den Weißwein und die Hummersuppe angießen und die Champignons zufügen. Alles 10 Minuten knapp unter dem Siedepunkt garen.
Anschließend die Garnelen zufügen, 3 Minuten köcheln lassen und dann die Crème double und den Morbier zugeben.
Fein abschmecken und sofort in eine vorgewärmte Schüssel geben.
Dazu mit Butter verfeinerten Naturreis servieren.

Kartoffelgratin mit Mont d'Or

Für 4 Personen
Bacon in Scheiben
1 kg Kartoffeln
250 g Crème double oder Sahne
Muskatnuss
1 Mont d'Or

Eine feuerfeste Form am Boden und an den Rändern mit Bacon auslegen.
Die Kartoffeln schälen, in feine Scheiben schneiden und bei schwacher Hitze 30 Minuten in der Crème double oder Sahne kochen lassen, dabei etwas Muskatnuss zugeben. Wenn die Kartoffeln gar sind, abgießen und die Hälfte davon in die Form geben.
Den Mont d'Or in Scheiben schneiden und die Hälfte davon auf den Kartoffeln verteilen; die restlichen Kartoffeln daraufgeben und mit dem restlichen Käse abschließen.
Im auf 200 °C vorgeheizten Ofen 30–40 Minuten backen und mit grünem Salat servieren.

Bresse-Huhn mit Bleu de Gex

Für 4 Personen
1 Bresse-Huhn
Salz und Pfeffer
600 g Bleu de Gex
1 l Chardonnay aus dem Jura
2 Knoblauchzehen, fein gehackt
100 g Crème fraîche
100 g Butter

Das Huhn mit Salz und frisch gemahlenem Pfeffer würzen und in einem großen Topf in 1 Liter Wasser bei mittlerer bis starker Hitze etwa 1 Stunde garen.
In der Zwischenzeit die Sauce zubereiten: 500 g Käse in kleine Würfel schneiden und in einen Topf geben; langsam schmelzen lassen, dabei die Hälfte des Weißweins, den Knoblauch und die Crème fraîche zugeben. Am Schluss die Butter unterrühren.
Den Backofen auf 200 °C vorheizen.
Wenn die Poularde gar ist, ist Stücke zerteilen und das Fett entfernen. Die Stücke in eine Auflaufform legen und mit der Sauce beträufeln. Die übrigen 100 g Käse in feinen Scheiben darauflegen. Im heißen Ofen überbacken.

Soufflé mit Bleu de Gex

Für 4 Personen
70 g Butter
40 g Mehl
250 ml Milch
150 g Bleu de Gex
5 Eier plus 2 Eiweiß

50 g Butter zerlassen, mit den restlichen 20 g die Souffléform ausstreichen.
Das Mehl zur zerlassenen Butter geben, leicht anschwitzen, die kalte Milch unterrühren. Die Sauce unter Rühren zum Kochen bringen. Von der Kochstelle nehmen und den Käse in sehr feinen Scheiben zufügen und unterrühren.
Die Eier trennen und die Eigelbe nacheinander unter die Sauce rühren. Sämtliche Eiweiße zu steifem Schnee schlagen und vorsichtig unter die Sauce heben.
Die Masse in die Souffléform füllen und etwa 20 Minuten im vorgeheizten Ofen bei 200 °C backen, dabei die Tür nicht öffnen. Sofort servieren.

Morteau-Törtchen mit Comté

Für 4–6 Personen
1 Morteau-Wurst (geräucherte grobe Schweinswurst)
300 g salziger Mürbeteig (Fertigprodukt oder selbst gemacht aus 180 g Mehl, 90 g kalter Butter, ½ TL Salz, 1 Ei)
250 g fruchtiger Comté
1 Glas trockener Jura-Weißwein
2 EL Crème fraîche
Salz und Pfeffer

Die Wurst 1 Stunde in reichlich köchelndem Wasser pochieren, dabei nicht einstechen. Herausnehmen und in feine Scheiben schneiden.
Inzwischen kleine Tartelettformen mit Mürbeteig auslegen und in den Kühlschrank stellen.
200 g Comté in kleine Würfel schneiden und mit dem Wein in einer Pfanne erhitzen. Wenn der Käse geschmolzen ist, in die Förmchen gießen und darauf die Wurst legen.
Den restlichen Comté in feine Scheiben schneiden, mit der Crème fraîche vermischen, mit Salz und frisch gemahlenem Pfeffer würzen und die Wurstscheiben damit bedecken. Bei 200 °C im Ofen überbacken. Wenn die Oberfläche goldbraun ist, heiß servieren.

Fond d'Or

Für 2–3 Personen
1 Mont d'Or à 500 g
500 g Kartoffeln
trockener Weißwein
1 Knoblauchzehe
Salz und Pfeffer

Den Mont d'Or aus der Verpackung nehmen, in der Mitte ein Loch mit 4 cm Durchmesser aushöhlen, den Käse mit Alufolie umwickeln, ohne den Fichtenholzring zu entfernen, und wieder in die Verpackung geben. Das Loch mit Weißwein füllen und die Knoblauchzehe in den Käse stecken.
Mit Salz und frisch gemahlenem Pfeffer würzen und in einer feuerfesten Form in den Ofen geben.
In der Zwischenzeit die Kartoffeln in Wasser kochen und pellen. Wenn der Mont d'Or vollständig geschmolzen ist, über die gekochten Kartoffeln gießen und servieren. Den übrigen Weißwein dazu reichen.

AOC und g. U.

Die kontrollierte und die geschützte Ursprungsbezeichnung

Die kontrollierte Ursprungsbezeichnung (Appellation d'origine controlée, AOC) ist ein Gütesiegel, das geschaffen wurde, um im Bereich der Lebensmittelherstellung Qualität und Respekt für die Tradition zu fördern. Speziell für Käse wurde es durch ein Gesetz aus dem Jahr 1955 anerkannt, doch das erste AOC-Siegel für einen Käse wurde bereits 1925 vergeben.
Das Recht, das Gütesiegel zu tragen, wird durch das Institut national des appellations d'origine (INAO) zuerkannt und überwacht. Um das AOC-Siegel zu erhalten, muss ein Käse:

- aus einem klar umgrenzten Herstellungsgebiet kommen;
- genau festgelegten Produktionsnormen entsprechen;
- einen hohen Bekanntheitsgrad besitzen;
- das Anerkennungsverfahren der INAO durchlaufen haben.

Die kontrollierte Ursprungsbezeichnung wird als Zeichen auf die Verpackung oder auf die Rinde der Käse aufgebracht.
Um Lebensmittelerzeugnisse zu schützen und hochwertiger zu machen, hat die Europäische Gemeinschaft das AOC-Siegel auf ganz Europa ausgeweitet und 1992 die Geschützte Ursprungsbezeichnung (g. U., französisch AOP) geschaffen, die von der Europäischen Union vergeben wird.
Diese ersetzt seit dem 1. Mai 2009 offiziell das Zeichen AOC. Zu diesem Zeitpunkt trugen 45 Käse das AOC-Siegel (das im Allgemeinen auf eine geschützte Ursprungsbezeichnung ausgedehnt wurde, außer bei den fünf letzten AOC-Käsen, die noch auf das EU-Gemeinschaftszeichen warten).
Außerdem gibt es ein IGP-Siegel (Indication géographique protégée, geschützte geographische Angabe), das mindestens in einem der drei Bereiche Erzeugung, Verarbeitung oder Veredlung des Käses die Verbindung zum Herkunftsgebiet ausdrückt. Drei Käse ohne AOC-Siegel besitzen es: der Emmental de Savoie, der Emmental français est-central und der Tomme de Savoie.

Artisanal- und Fermière-Käse

In Frankreich bezeichnet man eine der Herstellungskategorien für Käse artisanal. Im Gegensatz zu fermière (Bauernhof) und laitière (Molkerei) wird der Begriff artisanal auch in Deutschland verwendet. Artisanal besagt, dass der Hersteller die Milch der Tiere (Kühe, Schafe, Ziegen) verwendet, die er auf seinem Hof hält, aber auch – anders als bei den Fermière-Produkten – Milch von anderen Höfen hinzukaufen darf. Zudem wird der Käse auf traditionelle Weise hergestellt, man bedient sich dabei aber moderner Geräte und Hilfsmittel, was zur Folge hat, dass auch größere Mengen eines Käses hergestellt werden können.
Fermière bezeichnet die ganz traditionelle Herstellung auf einem Bauernhof. Meistens werden diese Käse nur in kleinen Mengen produziert und häufig auch nur lokal vertrieben.

Verzeichnis der Käsesorten (Käse mit AOC-Siegel sind fettgedruckt)

Verzeichnis der Rezepte